JN301238

空気浄化技術

― 命を守るきれいな空気に向けて ―

神奈川工科大学
瑞慶覧 章朝

東京都市大学
江原 由泰

東京都市大学名誉教授
伊藤 泰郎

共　著

養　賢　堂

まえがき

　私たちを取り巻く環境の中で大気環境，すなわち空気が他の種々の環境要素の中で何にも変え難い最も大事な要素である事は論をまたない．何故なら私たち人間はもちろんのこと，全ての動植物が生きている限り一時も呼吸をせず，空気成分を取り入れずには生きられないからである．しかし，私たちは空気を有難い存在の物質であると感じている人は極めて少ないのではないだろうか．空気が汚染されているとしたら，その量が極めて微量であっても，その存在や重要性から考え，蓄積して致命的となるので重大な問題として受け止めるべきである．大気環境の保全・改善は私たちが次世代に真の環境：きれいな空気を継承すべき最大の義務であり，即刻に，本腰で，最優先で取り組むべきテーマである．全ての動植物にとって空気という，かけがえのない真の自然の姿をしっかり次世代にバトンタッチしたいものである．

　今でも都市部から遠く離れ，田舎の山間地に行けば，呼吸する空気に清々さを感じ，空気の美味しさが心の底に沁み渡るのを実感させてくれる．山の中で落葉や土の中を浸み通って湧き出してくる水は何の処理もしてないが，安心して飲め，ミネラルも含んだおいしい水である．山奥には高層ビルもネオンもないけれど，満天の空に輝く無数の星空があり，その中に引き込まれるような心境に浸り，心の奥底まで洗われる思いにさせてくれる．今でも自然の自浄作用によってクリーンな空気や水の環境が保たれている所があることを実感できる時と場所がまだ少しは残されている．そこは寂れた地域になっているが，そこに身を置くだけで，何故か心身ともに浄化され，ホッとさせられる．こうした環境こそがお金では買えない魅力あふれた自然そのものである．残念ながら今はこのような所は非常に少なく，限られた所となっている．

　大気中の気体成分は人為的に排出される微量の大気汚染物質が自然の自浄能力を超えつつあるのが現状である．この超過分を自然の自浄作用によって修復できるレベルに保つためには私たちの心がけと高度な排出抑制，浄化技術が必要であり，こられなくしてクリーンでサスティナブルな環境を守り，維持することはできない．

まえがき

　科学技術の進歩は人類に大きな利便性や豊かさをもたらしてくれたことは確かであり，これはまさしく「光の部分」であろう．しかし，人口増加と科学技術の発展はエネルギー消費量や廃棄物の増加をもたらし，空気や水等の環境の基本的な点で汚染を招いたという「影の部分」がクローズアップされてきた．この現実は「成長の限界」を超え「人類の存在」さえも危ぶまれる局面に差し掛かってきたともいえよう．人類をはじめとする全ての動植物が今後も安心して生存し続けるためには生態系から相互に継続的な恩恵を得ること，すなわち地球上の動植物全てが共生の関係を維持することが不可欠である．このような大気環境を守るために私たちは私たち自身の意識の高揚と技術力を発揮したいものである．人間は自然を生涯の基盤としているので，自然に対して思いやりが必要であろう．

　本書を執筆するにあたり，日ごろからご助言を頂いております神奈川工科大学 下川博文教授，空気汚染物質の浄化について長年の経験をもとに貴重な情報を頂いた小峰新平氏，三坂俊明博士に感謝いたします．昭和薬科大学には図書館に入館を許して頂くご配慮を頂きましたことに感謝いたします．また，出版に際しまして株式会社養賢堂の三浦信幸氏，嶋田薫氏には修正を含め，一緒に真剣に取組んで頂きましたことに御礼申し上げます．

2011 年 9 月

著者一同

目　次

第1章　空気環境とその支配者 ... 1
- 1.1　本来の空気成分 ... 1
- 1.2　人口変化の見通し ... 4
- 1.3　エネルギー源と消費量の見通し ... 10
- 1.4　大気汚染物質と温暖化 ... 23
- 1.5　サスティナブルな環境 ... 32
- 1.6　空気と生命 ... 35

第2章　空気汚染物質とその浄化技術 ... 38
- 2.1　窒素酸化物（NO_x） ... 38
- 2.2　硫黄酸化物（SO_x） ... 48
- 2.3　VOCと悪臭・殺菌 ... 52
- 2.4　浮遊粒子状物質（SPM） ... 61
  - 2.4.1　浮遊粒子状物質の性状と健康影響 ... 62
  - 2.4.2　浮遊粒子状物質の規制 ... 65
  - 2.4.3　電気集塵装置（EP）の歴史 ... 67
  - 2.4.4　電気集塵装置（EP）の原理 ... 69
  - 2.4.5　電気集塵装置（EP）の問題と対策 ... 73
- 2.5　地球温暖化 ... 75
  - 2.5.1　二酸化炭素（CO_2）の排出量とその役割 ... 76
  - 2.5.2　ライフサイクルCO_2（$LCCO_2$） ... 80
  - 2.5.3　カーボンシンク（炭素吸収源） ... 83
  - 2.5.4　CO_2の回収・貯留（CCS） ... 87
- 2.6　ダイオキシン ... 93
- 2.7　大気中のオゾン ... 94

第3章　CO_2排出とその削減技術 ... 102
- 3.1　火力発電所の発電効率の向上 ... 104
- 3.2　自動車の燃費向上 ... 112
- 3.3　家庭電化製品の高効率化 ... 117

第4章　空気浄化と新エネルギー技術動向 ... 129
- 4.1　太陽光発電 ... 131
- 4.2　風力・水力発電 ... 145
- 4.3　バイオエネルギー ... 152
- 4.4　地熱発電 ... 160

あとがき ... 164

索　引 ... 166

第1章　空気環境とその支配者

1.1　本来の空気成分

　成層圏に存在するオゾン層は酸素分子に太陽光が当たることによって作られると同時に，太陽光を吸収して分解するので高温状態にある．また，太陽から放射され成層圏や対流圏を通過した光(波長 $0.1 \sim 3.0 \mu m$ の紫外線)は地表に当たり，地表から赤外線(波長 $3.0 \sim 100 \mu m$)として放射される(μm は長さの単位で，mm の 1/1000 である)．この赤外光によって地表は温められている．したがって，対流圏は地表から温められ，上空になるにつれて温度は下がる．その変化割合は地表から 100 m 上昇するごとに 0.98℃ である．

　宇宙の中で最も多量に存在する原子は，最も軽い水素原子(H)であり，分子の数では 80.9％ に相当する．2 番目に多い原子は 2 番目に軽いヘリウム原子(He)の 18.9％ で，酸素は 0.1％ に過ぎない．ヘリウムは宇宙で 2 番目に多い元素ではあるが，量的には水素の 1/5 しか存在せず，宇宙に存在する分子の大部分は水素であるといってもよい．このような軽い原子が多いのは宇宙の誕生時に起こったビッグバンと呼ばれる大爆発によって，電子やニュートリノ等の微粒子の核融合で最初に作られたからである．

　地球上では，私たちを取り巻いている大気の中で，地表付近に存在する気体を空気と呼んでおり，空気の主要な成分は窒素(N_2)と酸素(O_2)である．酸素の量は宇宙全体から見ると，水素とヘリウムに次いで3位，窒素は4位の炭素(C)に次いで 5 位の順である．地球上に多く存在する原子の数は宇宙から見れば水素の 1/1000 以下であり，宇宙全体から見れば，微々たる量である．実際に宇宙の中には無数の星があるが，銀河系の中にある太陽の惑星8個においても，星を取り巻いている気体の成分は大きく異なっている．星の大気成分の割合を**表**1.1 に示した．この存在割合の大きな差は太陽からの距離と星の大きさにより温度や気圧が大きく異なっていることによって決まっているのである．地球以外の星の気体成分では，地球の主要な成分である窒素や酸素の存在割合が大きく異なる．これ等の二つの成分の存在が地球以外の星には生物が住めな

表1.1 星の大気成分割合

	金星	地球	火星	月
太陽からの平均距離(10^6 km)	109	148.8	277	148.8
平均表面温度(℃)	200	15	-60	-170〜110
赤道面直径(10^3 km)	12.1	12.8	6.8	0.01
大気圧(atm)	90	1	1/132	$1/10^8$
大気組成(体積比%)				
二酸化炭素 CO_2	96.5	0.0034	95.3	0
窒素 N_2	3.5	78.1	2.7	0
酸素 O_2	2×10^{-3}	20.9	0.13	0
アルゴン Ar	7×10^{-3}	0.93	1.6	0
水	2×10^{-3}	0〜40	3×10^{-2}	0

いし, 育たない原因なのであろう. 地球上の空気は地表で最も密度が高く, 上空になるにつれて気圧も下がり, 空気も希薄な構成になっている. 地表に空気があるからこそ, 生物も呼吸ができ, 太陽からの強い光, 熱, 宇宙線等に直接曝されることなく生存できるのである.

現在の大気は図1.1に示すような構造になっている. オーロラ現象が観測さ

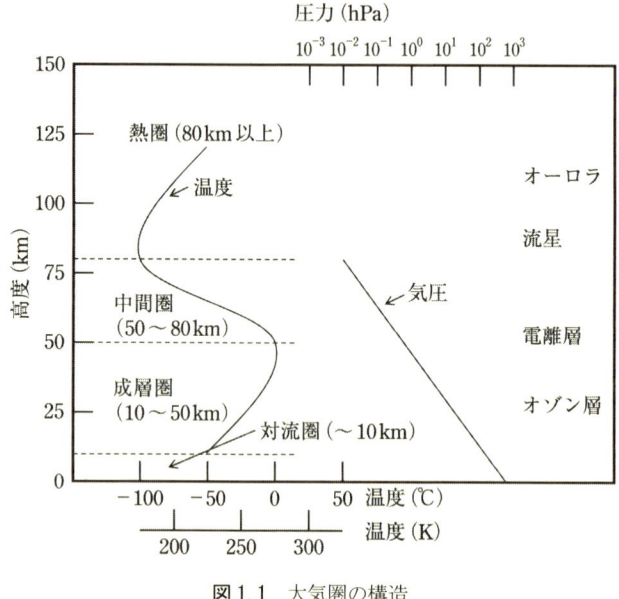

図1.1 大気圏の構造

れる地上 80 km 以上の熱圏領域では温度が 2000℃以上になることもあるが，気圧が低く分子の密度が低いため熱いとは感じないだろう．地上 10〜50 km の範囲が成層圏(0℃程度)であり，この範囲にオゾン層が存在する．成層圏では地表と温度分布が逆転しており，上層が高温になっているのでガスの上下移動は少なく，安定している．成層圏より下の地表までの 10 km が対流圏で，この領域が私たちの生活圏である．地球表面に存在する大気全体の重さは 5×10^{18} kg であり，その 99.9％は地上 50 km 以下の所に存在している．地球の半径は 6400 km であるので，大部分の空気は地球の半径の 1/100 程度の膜状ともいえる薄い状態で存在している．対流圏でも地球表面近くの方がガス濃度が高くなっているのは大気のガス成分が地球の引力により地表に引きつけられているためであり，地表の方が気圧は高く，大気の 2/3 がこの薄い対流圏の領域に存在している．

　地球上の大気も地球が誕生した時には金星と同様で，二酸化炭素(CO_2)が 98％，窒素(N_2)が 2％であったとされている．地球が誕生して 46 億年経過した地球表面の空気の組成を**表 1.2** に示す．主要成分の割合は過去数百年の間，平均的には変化していない．しかし，大気に微量に含まれるガス成分の濃度が，ppm オーダでわずかに変化するだけで大気環境の破壊や汚染として大きな問題となっている．濃度の単位として ppm (Parts Per Million)が以降多く使用されるが，分子や粒子の個数または体積比で 1/100 万(10^{-6})であることを示す (ppm を重量比で表す場合もある)．さらに低濃度では ppb (Parts Per Billion)(10^{-9})，ppt (Parts Per Trillion)(10^{-12})の単位が使われる．

　地球の表面積は 510 億ヘクタールであり，その 70.8％は海であり，私たちはその残りの 29％の陸地に住んでいる．地球環境は地球上の人間をはじめ種々の動植物による自然の営みによって支えられているが，現在は人間の活動によってごく微小な変化ではあるが，地球本来の環境を揺るがし始めている．

　成層圏のオゾン層にできたオゾンホールも問題になったが，それは地上で発生した人工の汚染物質がオゾン層で起こした出来事である．太陽から紫外線が大気を通って地上に注がれている状態を考えると，地表における正常な自然状態のオゾン濃度は 5×10^{-5}％ (0.05 ppm)程度である．むしろ，この割合で存在するオゾン(O_3)のおかげで，地球表面は適当に殺菌もされ，清浄な大気に保

表 1.2 空気の組成

化合物質名	化学式	濃度(容量%)	濃度(ppm)	滞留時間
窒素	N_2	78.088	780880	20 年
酸素	O_2	20.949	209490	2200 年
アルゴン	Ar	9.34×10^{-1}	9340	
二酸化炭素	CO_2	3.25×10^{-2}	325	4 年
ネオン	Ne	1.82×10^{-3}	18.18	
ヘリウム	He	5.24×10^{-4}	5.24	
メタン	CH_4	1.2×10^{-4}	1.2	12 年
クリプトン	Kr	1.14×10^{-4}	1.14	
水素	H_2	5.0×10^{-5}	0.5	2 年
キセノン	Xe	8.7×10^{-6}	0.087	
一酸化炭素	CO_2	8.0×10^{-6}	0.08	0.1 年
亜酸化窒素	N_2O	3×10^{-5}	0.5	114 年
二酸化硫黄	SO_2	7×10^{-7}	0.007	1 日
一酸化窒素	NO	10^{-6}	0.01	1 日
二酸化窒素	NO_2	10^{-6}	0.01	1 日
ホルムアルデヒド	HCHO	10^{-5}	0.1	
アンモニア	NH_3	10^{-4}	1	5 日
オゾン	O_3	5×10^{-6}	0.05	5〜7 日
水蒸気	H_2O	1〜4	0〜1000	0.03 年

たれているといっても過言ではないであろう．これは人間の飲料水には超純粋な蒸留水より真の天然水の方が良いのと同様である．大気中に微量に存在するオゾン(O_3)が微量であり，目には見えないが空気をクリーンにするのに役割を果たしているのである．大気中のオゾン濃度はわすかではあっても，またそれが局所的であっても，その効果が非常に大きい物質なのである．それは地球温暖化ガスであったり，人体に対して影響を及ぼすNO_x，SO_x等のガス状物質や粉塵等についても同様である．

何としても本来の清浄な空気の環境を維持したいものである．自然の回復力を損なうような人類は存続できないのだから．

1.2 人口変化の見通し

21 世紀に入って以後はかってのような何でも急増・急成長するような，バブル的成長の時代ではなくなっている．1798 年にマルサスが提唱した人口論

で，「制限しなければ人口は幾何級数的に増えるが，食糧は算術的にしか増えない」として，無限に成長は続かないことを示した．当たり前のことであるが，この格言的な内容は注目された．

今までもそうであったように，今後も自然環境を支配するのは何万年や何千年のロングレンジで見れば太陽系の大自然の営みの一環であるとも言える．しかし，最近を100年レベルのショートレンジで眺めて見ると，明らかに自然環境は乱されており，それはまさしく人間の営みによることは紛れもないことであるといえよう．今から40年近く前の1972年にアメリカで発表された，ローマ・クラブがマサチューセッツ工科大学のデニウス・メドウス助教授等に委託して行った研究として有名な「成長の限界…ローマ・クラブ人類の危機レポート」がある．この報告によって地球環境が注目されるようになったが，その象徴的なシナリオを図1.2に示すように，「人口増加によってエネルギーや食糧が限界に達する」換言すれば「有限な地球の中で，無限の物欲を基にした経済成長はありえない」というものである．資源制約と地球環境の点から人口増加には限界があり，結果的には人口は減少に転ずることを明瞭に予測したものであり，200年以上前に行ったマルサスと同様の提唱である．このデニウスのレポートの内容は今でも高く評価されている．これは40年ほど前の研究成果ではあるが，現在もその当時予測されたシナリオ通りに進んでいるように見える．爆発的な人口増，飽食，エネルギー浪費を含めデニウスのレポートは地球環境問題に本格的に取り組むインセンティブになったといえる．このような長期的で確かな統計に基づいた推計に対して手遅れにならないように対応するのは国の指導力でもあるが，他人任せではな

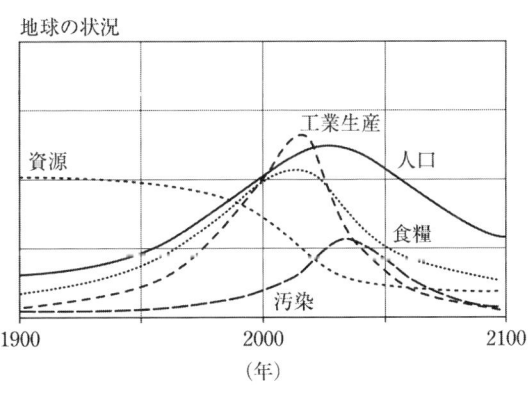

図1.2 各要素の変化の予想(出典：ドメラ・H・メドウズ，デニス・L・メドウズ，ヨルゲン・ランダース著，枝廣淳子訳，「成長の限界 人類の選択」，ダイヤモンド社，2005年)

く，私たち自身なのである．

　約400万年前にアフリカで人間が誕生して以来人口は増加し続けてきたが，20世紀以前の増加率は微々たるものであった．しかし，20世紀に入ってから，世界の人口は100年間で3.5倍に増加し，今後は現在の68億人を大幅に越えてゆくのが確実である．

　一方，日本の人口は長寿命化もあったため増加し続けてきたが，最近は少子化が一段と進み，図1.3のようにピークを過ぎて，すでに減少期に入っている．また65歳を超えた人口の割合が7%以上である社会を「高齢化社会」と定義されているが，日本はすでに1970年(昭和45年)に高齢化社会に入っている．さらに，65歳以上の割合は1994年に14%，2008年には22.1%に達し，「超高齢化社会」に突入している．

　世界の先進諸国の人口増加率は日本と同様，図1.4に示すように減少に向かっており平均は1.0〜1.1である．これに対して，発展途上国は1.5〜1.6であり，世界の人口は増加中である．現在の世界人口は1年に6千万人死亡し，1億4千万人生まれるので，依然として1年間に8千万人，1日で20万人，1分間に150人ずつ増えていることになる．しかし，メドウス助教授が推定したように，

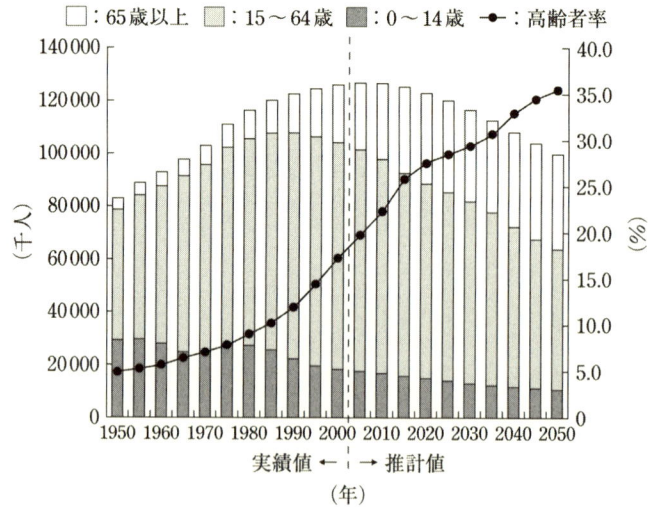

図1.3　日本の年齢別人口の推移(出典：平成18年環境白書)

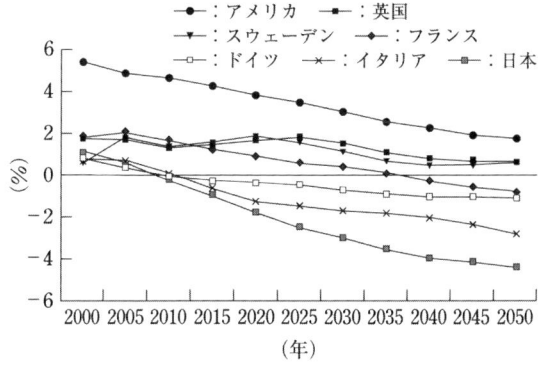

図 1.4　各国の人口増加率の推移 (出典：平成 18 年環境白書)

今後は先進国に引き続いて発展途上国も人口は減少期に入るであろう．藤正厳先生による綿密な人口の定量的なシミュレーション結果においてもローマクラブの示した軌跡を再現している．また，日本はすでに減少期に入っているが，世界の人口はほぼ 30 年遅れて日本の人口構成に近くなるだろうと予想される．

現在の主要各国の人口の年齢構成は図 1.5 に示すような形状になっている．日本は 2008 年，1960 年および 1935 年について示してあり，年齢構成の形状が大きく変化してきているのがわかる．世界一の長寿国となった日本の 2008 年の形状は先進国特有のるつぼ型の形状をしている．各国の形状を比較すると，他の先進国も現在の日本の形状に近づいている．発展途上国の形状は日本の数十年前の形状に近く，典型的なピラミット型である．一方，中国は発展途上国ではあるが，政府が一人っ子政策を進めたことによって少子化が進み，日本の形状に類似してきている．世界の人口分布には偏りがあり，世界人口の半分を占めるアジア地域の多くの発展途上国はピラミット型である．いずれの発展途上国も何年か後には先進国タイプのるつぼ型の人口構成になるであろう．

世界人口推計値によれば，多い場合は 90 億人を越えるともいわれているが，ごく最近の推計では 77 億人がピークで，その後は減少するとも予想されている．2050 年における世界人口の年齢構成は図 1.6 のように予想されている．先進国は現在と 50 年後の人口構成に大きな違いはないが，発展途上国は長寿化による人口増加が顕著である．さらに年数を経れば世界的に少子化が進み日本の現在のようなるつぼ型の形状になるであろう．

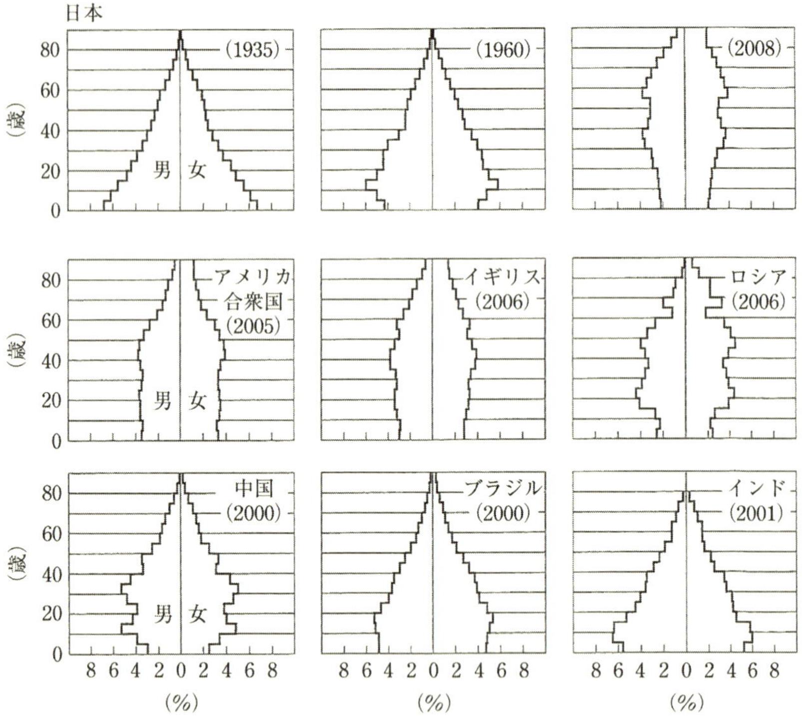

8　第1章　空気環境とその支配者

図1.5　世界各国の人口構成(出典：日本国勢図会，天野健太郎記念会，2010年)

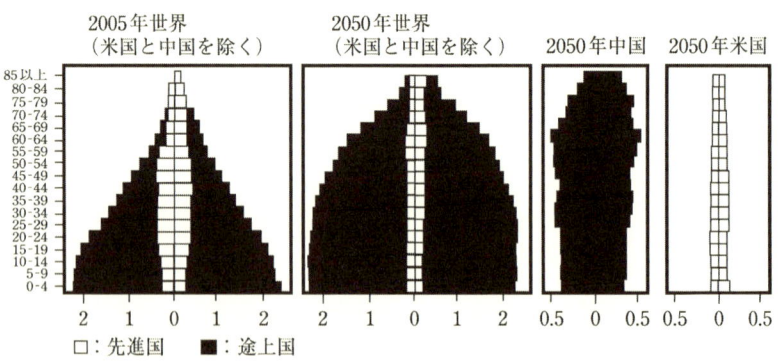

図1.6　世界人口の年齢構成の変化(出典：日経サイエンス　2005年12月 p.38)

今後30～40年は間違いなく続く人口増加に対し，対応しなければならない課題は，人口に直結した①エネルギー資源消費量の増加，②食糧の枯渇，それに伴って③空気，④水質などの「自然環境の汚染や破壊」である．これ等の生活に直結した各種の問題は国内の問題でもあるが，自国内に限らず，世界的な広領域の問題であり，また個人の問題にも通ずる．

　地球の歴史を遡って見ると，地球上の動物や植物にも，栄枯盛衰や滅亡が繰り返されてきた歴史がある．例えば，今から2億2000万年ほど前に大繁栄した，体長20～30m，高さ15m，重さ100トンにも及ぶ大恐竜は1億5000万年以上もの長きに亘り繁栄し続けたが，6500万年前頃には絶滅して地球上から姿を消した．しかし，驚くべきことは恐竜類が1億5000万年もの長期にわたって多量に地球上で繁栄し，生存し続けることができたことである．その大きな理由は，当時地球表面のCO_2は現在よりも数倍高い濃度であり，温暖な気象状況にあったためである．スギやシダなどは早く成長して，多量に繁茂し，恐竜の食物を十分に供給できた．この現象は論理的には矛盾しないことである．

　それにもかかわらず，恐竜は大絶滅してしまった．恐竜数の過剰の大繁栄により食糧不足になったこと，自然環境の急変が原因であるなどの諸説がある．コントロールの効かない過剰な繁栄は最終的には動植物も結果的に自然環境と共生できなくなって消滅している．恐竜には結果的に絶滅を避けるための手段も智恵もなかったことの証左であろうが，人類にだけはそうあってはほしくないものである．

　会社にも好不況や倒産があるように，人間社会でも家系にも激変や栄枯盛衰があるのは当たり前といってよいであろう．それは無限に続く成長はないことの摂理である．6500万年前に起こった恐竜の滅亡の教訓を人類史上に繰り返さないための智恵を私たちは今絞り出さなければならない．それは倫理感であり，智恵であり，さらにわずかではあるかも知れないが，技術の役割であろうし，もう一つは実行する勇気であろう．

　技術的な役割の第一歩は，環境負荷の低減に向けて挑戦することである．また技術的にサスティナブルの可能性を示し，希望を与えるのも技術者・研究者のもう一つの役割であろう．環境は1国で対応できるレベルの問題ではなく，世界の国々が協調して取り組まなければならない最大の課題である．まさしく

世界の人口資源および環境に視点を置いた叡智の結集が必要であろう．いつまでも自然の回復力を損なわないような環境を維持したいものである．

1.3　エネルギー源と消費量の見通し

火の発見以来人類がエネルギーといかにかかわってきたかを見ると，薪，木炭，水力，風力，畜力等の太陽光を起源としたエネルギーの活用である．次いで産業革命を契機として石炭，石油，および天然ガス等の純粋な化石燃料へと変化した．これはまさしく再生不可能資源であり，さらに原子力へと使用燃料が進展してきた．20世紀初頭の石油の発見と自動車開発等の相乗効果によってここ40年間でエネルギー消費は2倍になり，エネルギー大量消費時代に入った．21世紀から22世紀になる頃には現在の3倍のエネルギーが必要になるとも予想されている．

近年の大気環境が変化している原因は人口増加とライフスタイルの変化によるものであり，その人間の生活によって消費される再生不可能な化石燃料の大量消費・大量浪費に大きく支配されているといっても良い．化石燃料はエネルギー源ばかりでなく，各種の高分子材料や医薬品等の原料としても幅広く利用されている．

地球上で私たちが利用しているエネルギーの多くは数億年前に繁茂・増殖した生物，動植物の遺骨が主成分であり，これ等が地中の高い圧力と高熱の中に長年月の間貯えて変化した化石燃料である．これは地球のかけがえのない限られた財産である．その主なものは石炭，石油，天然ガスとウランである．世界の化石燃料の生産量すなわち供給量は図1.7に示すように，ここ40年でほぼ2倍に増加している．この図は30年間の生産量の推移を示したものであるが，地球の歴史46億年のうち10億年前に化石燃料が作られ，人間が生活するようになって400万年，さらに産業革命から200年であるが，化石燃料を多量に消費するようになったのは20世紀になってからである．10億年もの間熟成し，人類にとって最も大切な財産的な重みをもっている化石燃料を20と21世紀の200年の短期間の間に使い果たしてしまいそうである．

現在の化石燃料の埋蔵量と生産量の主要国は図1.8に示すように分布している．国策や技術力にも依存するので，各国が埋蔵している割合と生産している

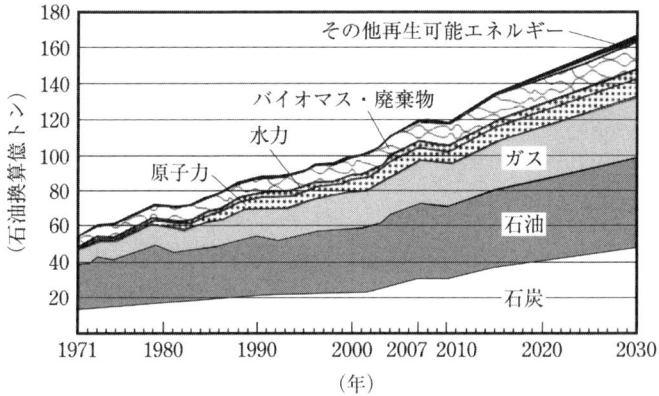

図 1.7 世界の一次エネルギー需給見通し(出典：平成 22 年 環境白書)

割合が大きく異なっている．これ等の化石燃料はすべて地下に埋蔵された有限なエネルギー資源であり，各化石燃料の可採埋蔵量は**表 1.3** に示すとおりである．可採埋蔵量(R)を 2000 年の生産量(P)で除して可採年数(R/P)を求めると世界では石炭 227 年，石油 40 年，天然ガス 61 年となる．このような試算・推計はいろいろな所でなされているが，可採年数は大同小異である．しかし，いずれはこの表に近い年数で限界を迎えることは間違いのないことである．現在で最も大きなエネルギー源となっている石油も，開発当初の油田は自噴(自然に噴き出す)であったが，最近は海水の圧力によって採油していることも多くなってきた．現在の段階で最も多く使用されている石油は今後 40 年位で枯渇することは間違いないことである．

過去何十年もの間，「可採年数 40 年」といわれ続けてきたため，今後もまだ可採年数 40 年の声が続くと思われるかも知れない．しかし，この分野の専門家は誰しも間違いなく，「最後の 40 年である」と試算している．これを信じて将来に備えて対応することが必要であろう．世界には現在でも木材や家畜の糞などを利用した在来型のバイオマスエネルギーが全体消費エネルギーの 10 % を占め，これに頼っている人々は約 4 万人もいる．電気を利用できない人も 16 万人に達していると伝えられている．これ等の地域でも今後は人口増と化石燃料消費量の増加が見込まれるので，世界のエネルギー消費は 2025 年までには現在より 57 % 増加すると IAEA (International Atomic Energy Agency：

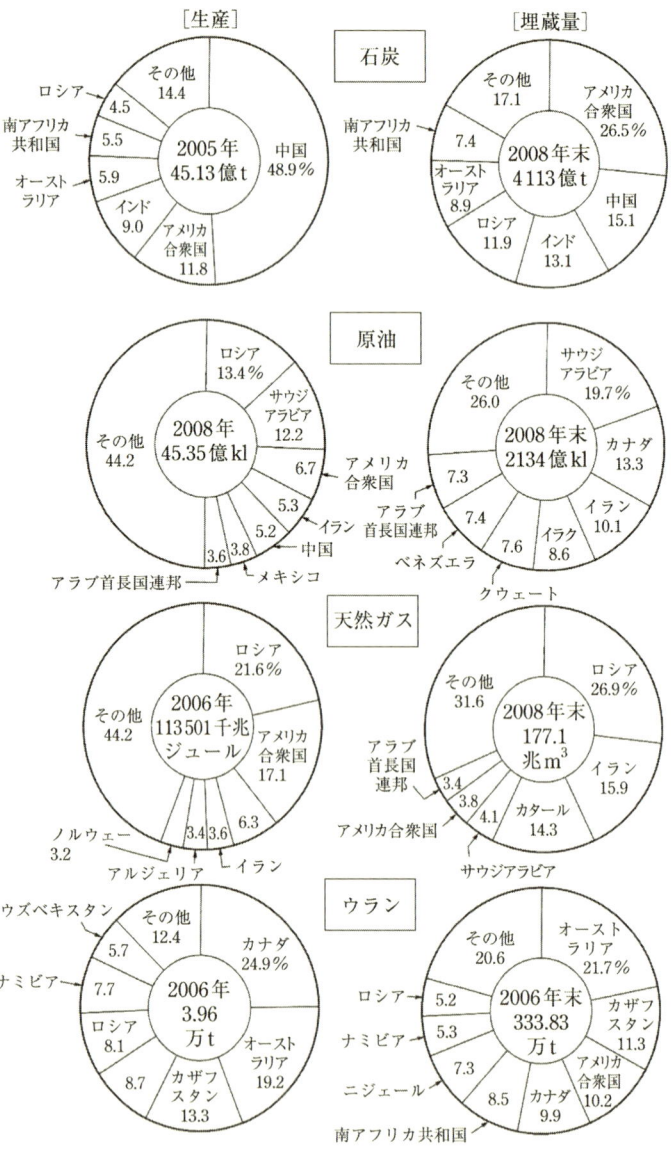

図 1.8 エネルギー資源の主要生産・埋蔵量（出典：世界国勢図会, 天野健太郎記念会, 2010 年）

表1.3 化石燃料の確認可採埋蔵量(2000年)

世界	石炭	石油	天然ガス	合計
R：確認可採埋蔵量(百万 toe)	485190	143225	133017	761432
P：生産(百万 toe)	2137	3590	2181	TFEP＝7908
R/P(年)	227	40	61	96
R/TFEP(年)	61	18	17	96
アジア・太平洋州	石炭	石油	天然ガス	合計
R：確認可採埋蔵量(百万 toe)	147043	5936	9297	162276
P：生産(百万 toe)	925	381	239	1545
R/P(年)	159	16	39	105
C：消費量(百万 toe/年)	947	969	242	2158
R/C(年)	155	6	38	75

出典：BP AMOCO, BP Statistical Review of World Energy

国際原子力機構)は予測している．特に地域的に見ればアジアは世界に比べて可採年数が短く，極めて脆弱なエネルギー基盤にあるといえる．

　実際には経済成長や人口増加があるので，現在の化石燃料の生産量を規準に計算した表1.3 に示した可採年数より早く化石燃料は枯渇してしまうであろう．現在最も多く便利に使われている石油は，今後いつまで経っても 40 年は大丈夫であるなどと考える人がいてもらっては困る．化石燃料の探査予測技術も向上し，すでに 95％は油田の探査は終了しているので，新たな油田の発見は殆んど望めないといってよい．現在エネルギー源として最も多く使用されている石油は 2050 年には現在の 1/5 に減少すると試算されている．全化石燃料の埋蔵量と人口増加を総合すると，化石燃料に頼れる年限は 100 年から，最も長く見積もっても 150 年であると推定される．でき得る限りこの限られた化石燃料を長持ちさせるためと同時に，温暖化ガス排出を削減するために，省エネに努める必要がある．また，太陽電池，風力発電やバイオマスエネルギーなどの自然エネルギーの積極的な導入が望ましい．メガソーラー構想もあるが，これ等の新エネルギーが世界のエネルギーの大黒柱になるには自然エネルギーの変換効率や発電の不安定性などに関する相当な新技術のレベルアップが必要であろう．

　今まで主要なエネルギー資源になるためには「濃縮されている」「大量にある」「直ぐに手に入る」の三要素が必要条件とされてきた．しかし，現段階ではエネルギーを長期的な観点から見れば，いずれ自然エネルギーや核融合など

のエネルギーに期待することになるであろう．太陽電池等の自然エネルギーの活用も世界的に活発に行われてきている．しかし，不安定でもあり，また必要なエネルギーの大部分を賄えるようになるには，まだ道は険しい．自然エネルギーの利用は最大でも必要エネルギーの数％程度であろうともいわれている．自然エネルギーの詳細については4章で述べることにする．

現段階では核融合発電に対して技術的に確かなロードマップは示されるまでには至ってはいない．したがって，化石燃料と核融合とをつなぐエネルギー源として原子力発電に頼らざるを得ないというのが研究者や専門家の見方になる．何故なら，枯渇化の近い石油に比べ軽水炉の原子力では6万倍，増殖炉なら100万倍のエネルギーを蓄えているからである．それと同時に，原子力発電は問題児である温暖化効果ガス(CO_2)をほとんど排出しない点も大きい．現在の原子力発電の燃料としてのウラン235の可採年数は61年であるという試算もなされている．しかし，天然ウランの99.3％を占めるウラン238(U-238)を利用する方法がある．現在の原子力発電設備の軽水炉で使われている燃料は天然ウラン中に0.7％しか含まれていないウラン(U-235)を3～5％に濃縮して使用している．U-235は熱中性子を当てることで核分裂を起こすため，多量の熱エネルギーを得ることができる．

一方，ウランの中で多量に存在するU-238はこのままでは核分裂が起きないため，現状の軽水炉では核廃棄物となっている．しかし，U-238は軽水炉の中でも中性子を吸収して，核燃料として役立つプルトニウム(Pu-239)に転換されるものがある．このため，現在稼働中の軽水炉でも発生電力のうちで30％程度はPu-239によって発電されている．また，軽水炉で燃焼した後の燃料はU-235：1％，Pu-239：1.1％となっている．そこで，これを再処理してPu-239の濃度を高め，U-235と混合して酸化物とした燃料(MOX燃料)をつくる方法が考えだされている．これがプルサーマル発電である．MOX(Mixed Oxide)燃料を使えば多量に存在するU-238の有効利用ができるし，使用済み燃料のリサイクルであるので，ウラン資源は節約できることになる．放射能も低減でき，さらに放射性廃棄物も1/3～1/4に減少できる．

プルサーマルはヨーロッパではすでに1960年から稼働しており，40年以上の歴史がある．日本は安全性について長年慎重に検討を重ねてきたが，最近各

電力会社は発電を開始した．この MOX 燃料を使ったプルサーマル発電に移行し，さらにその次の原子力として第 4 世代の原子炉とも呼ばれている高速増殖炉(FBR : Fast Breeder Reactor)が考えられている．高速増殖炉は U-235 により，原子力発電を続けながら，高速中性子により U-238 を Pu-239 に転換(高速中性子＋U-238→ Pu-239 に転換)する原子炉であり，「もんじゅ」はこのタイプである．天然ウランの中には U-235 は 0.7％しか含まれていないが，高速増殖炉は 99.3％もの多量に存在する U-238 をエネルギー源として有効に使うことができる．増殖炉の使用により全ウラン資源の利用率は軽水炉の 100 倍以上に飛躍的に向上し，石炭 260 万トンを燃やして得られるエネルギーが，たった 1t のウランで得ることができる．ウランはエネルギー密度が高く，また原子力発電は石炭や石油のように温暖化ガスを排出しないエネルギー源である．化石エネルギー資源にはない多くのメリットが再認識されている．

　原子力に期待される原因のもう一つは世界の石油資源は中東に偏在している状況にあるが，ウラン資源は**図 1.9** に示されるように，世界全域にバランスよく分布している点にもある．しかし，東日本大震災による福島第一原子力発電所の大事故は予想を超えた巨大な被害を及ぼした．このことが今後の原子力発電の安全性に対する要求を強めるのは当然である．

　世界には原子力発電は安全であるという神話もあったが，実際には事故もいくつか起こっている．スリーマイルやチェルノブイリの事故の後遺症によって原子力発電に対するアレルギーは高まったことはあった．1986 年に起こったスリーマイルの場合は冷却材の喪失によるものであった．

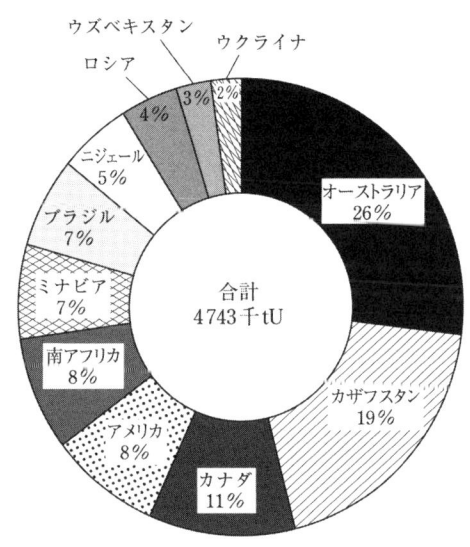

図 1.9　世界のウラン資源の埋蔵量(出典：経済産業省資源エネルギー庁：「日本のエネルギー 2008」)

1999年に起こったチェルノブイリでは原子炉の臨界事故で原子炉が爆発し多くの犠牲者を出した．この地域では，今でも居住できない面積が14万5000 m^2 の広大な広さ（日本の面積の 1/4 相当）になっている．その後，日本で起こった震度7の中越地震時の発生時には柏崎原子力発電所の原子炉が緊急停止したが，この停止事故の危険性をマスコミは大々的に報じた．しかし，その後IAEA（国際原子力機構）が故障状況を査察し，委員等が予想したより安全が保たれていると評価された．原子炉からの放射線は目には見えないが生命に関わる危険性が高ので，危険性や安全性の有無を正確に知らせることの報道も大切なことである．

また，日本で2011年3月11日に起こった東日本大震災は震度9であり，それに伴って20mを超える大津波により福島原子力発電所の大事故が発生した．安全性は確実に守らなければならないが，一方で過去に経験のない大規模な地震や津波を想定することも非常に難しい．原子力発電は他の燃料による発電方式に比べてエネルギー密度が格段に高く放射線の危険性が高い．原子力発電の安全性にはより高度な対策が必要であり，東日本大震災は津波という超巨大エネルギーをもつ自然現象に対する対応の難しさを私たちに突きつけた．

東日本大震災以前に日本原子力産業協会の調査において「原子力発電は必要であるか，否か」のアンケートに対して，必要であると答えた比率は63％になっている．しかし，東日本大震災によりこの比率は変化してくるであろう．2005年における原子力による発電量は2兆6259億kWhであり，全世界の電力の16％である．2050年には22％に上昇すると予測しているほど，今後の原子力に対する期待は大きかった．しかし，福島第一原子力発電所や過去の原発事故に学び，今後は一段とその安全性に対する配慮が厳しく重要になってきている．こうした安全対策を講じながらも原子力発電には電力の負担をになってもわなければならないのがエネルギー自給率が世界で最も低い日本の今後の電力事情であろう．

世界の主要国のエネルギー自給率を図1.10に示すように，100％自給できている先進国は，非常に少ない．日本のエネルギー自給率は原子力を輸入とすれば4％（原子力を国産とすると19％）で世界最低である．日本の自給率4％のうちの35％は水力発電である．日本のエネルギー消費量はこの50年で20倍

にはね上がっている.また図1.11に示した世界主要国のエネルギー輸入依存度のように,日本の輸入依存度は非常に高い.日本と同様にエネルギー輸入依存度の高いのはフランスである.原子力を含む場合と含まない場合の輸入依存度の差が大きく,原子力依存度が高いことを示している.日本の原子力依存度はドイツやアメリカとほぼ同じである.しかし,福島第一原子力発電所の事故により,化石燃料,自然エネルギー,原子力などのベストミックスの分担も今後見直しが必要であろう.

日本国内で必要なエネルギーを図1.12に示す.経済が急成長する1960年初頭までは石油輸入量は

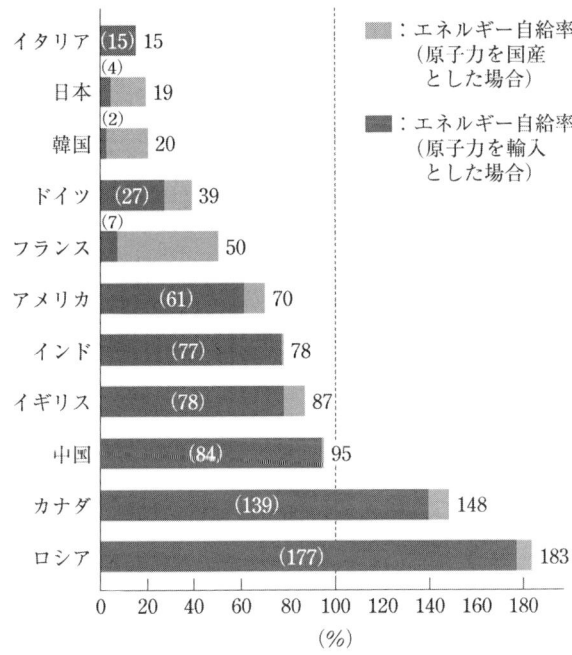

図1.10 主要国のエネルギー自給率(2005年)(出典:明日のためにいま「新エネルギー」資源環境庁)

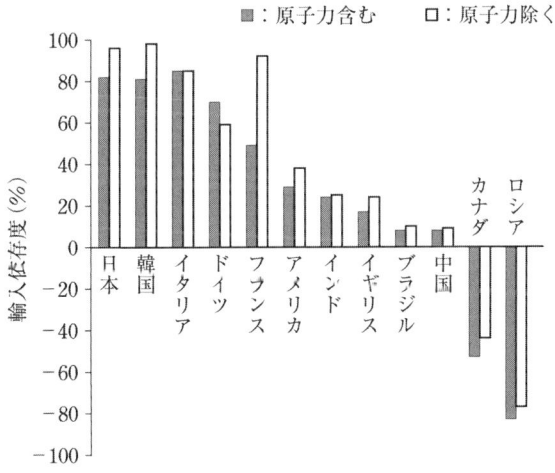

図1.11 主要国のエネルギー輸入依存度(2007年)(出典:(財)日本原子力文化振興財団:「原子力」図面集)

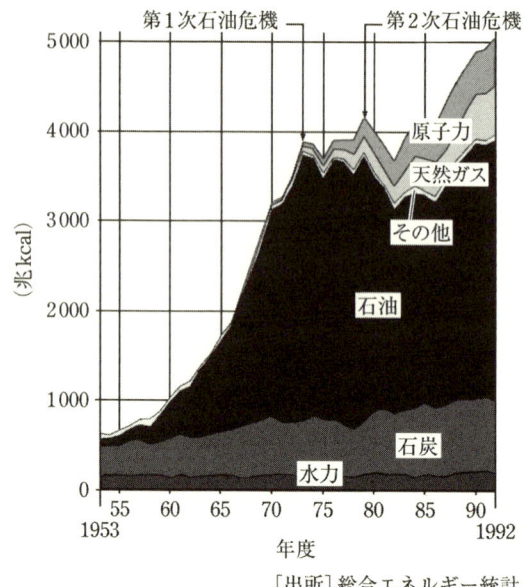

図 1.12　日本の一次エネルギー供給実績(出典：電気事業連合会：「原子力」図面集 1994 年版)

わすかであり，エネルギー自給率は比較的高かった．しかし，その後のエネルギー源の増加分は石油の増加によって賄われた．石油はエネルギー源の他，化学製品の材料としての利用も加わり，輸入量が増加し，それに伴ってエネルギー自給率は急減した．特に石油の輸入量は 1973 年の 77％をピークとして，その後低下した．2001 年における日本のエネルギーは石油 49％，石炭 19％，天然ガス 13％，原子力 13％で水力はわすか 4％になっている．

　日本の燃料の自給率は大きく低下したが，それは科学技術の推進とそれを援護する大量の燃料輸入の増加によって日本を復興させ，GDP 大国に押し上げたのである．20 世紀になってエネルギー消費量はほぼ 20 倍に増加した．世界のエネルギー供給の推移と予想を図 1.13 に示す．今後途上国の 1 人当たりの消費も発展によって急増し，先進国の 1 人当たりに近づく．このため全人類が消費するエネルギーは急増し，必然的に化石燃料から自然エネルギー依存へ転換しなければならない．

　現在は石油輸出国であっても，20 年以内に枯渇する国が出てくることは確実であろう．大量にエネルギーを消費している例として，飛行機のボーイング 747 がある．747 は 10 時間飛行するために飛行機全重量の 1/3 の燃料を積んでいる．これは渡り鳥が 10 時間飛ぶと体重の 1/3 を失うのと同様であり，いずれも想像を超えた大量のエネルギーを消費しているのである．

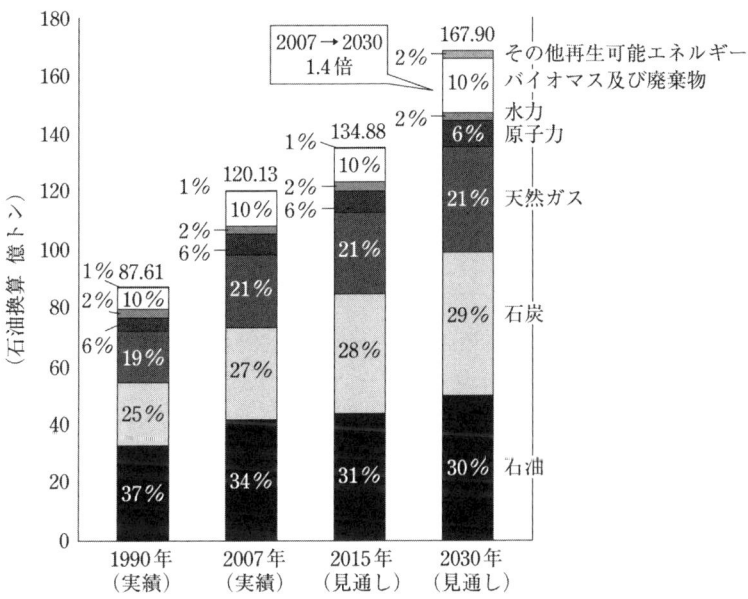

図1.13 世界のエネルギー供給の推移と予想(出典：資源エネルギー庁 パンフレット「日本のエネルギー2010」)

　化石エネルギー枯渇は確実にやってくるが，その時になって右往左往するような状態は招きたくない．いずれの国にとっても，エネルギー消費量は経済成長に相応して増加しており，科学技術の発展を示す大きなバロメータでもある．各国の GDP 当たりの一次エネルギー供給量を図1.14 に示す．日本はここ 30 年間でエネルギーの消費効率を 37％も改善した．これは技術力を駆使することによって世界全体の 3 倍，先進国であるカナダの 3 倍，アメリカの 2 倍，EU の 2 倍のエネルギー効率である．発展途上国の中では寒冷地に位置することもあって効率は悪く，ロシアは日本の 17 倍のエネルギーを消費している．中国は日本の 8 倍である．日本の技術力は多くのプラントにおいて，高いエネルギー効率を得ており，結果的に世界的に高い(GDP/エネルギー)の値を得ているとことになる．これは日本の技術水準の高さを示す一つのバロメータである．地球上の限られた化石燃料であるので，早期にエネルギー効率を高めて省エネに向かって欲しいものである．この点でも日本の省エネ技術が世界に向けて大きく貢献できる技術である．人口当たりのエネルギー消費量は 図1.15 に

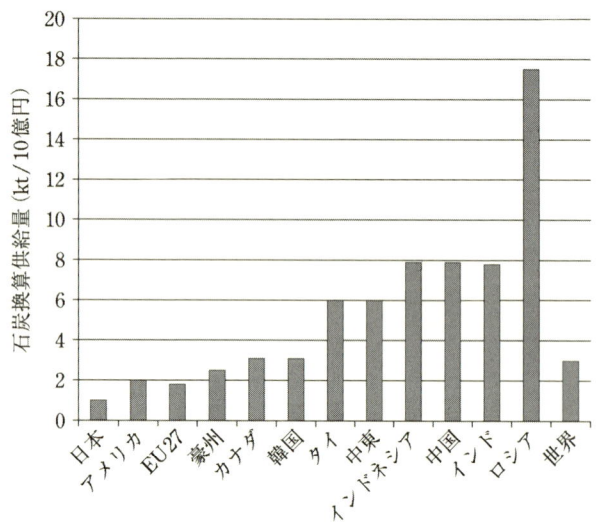

図 1.14 GDP 当たりの一次エネルギー供給量(出典：(財)日本原子力文化振興財団「原子力」図面集 2002-2003 年版」

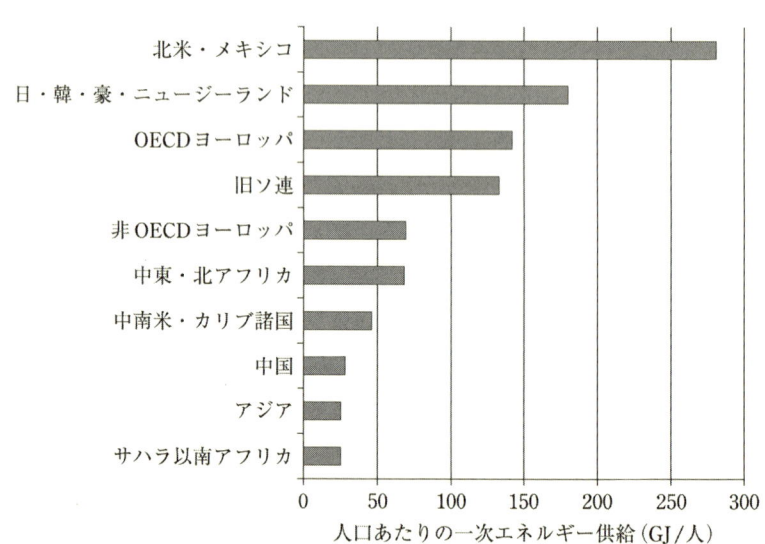

図 1.15 主要地域の人口当たりのエネルギー消費量(出典：旭板硝子財団「生存の条件」P.11, 2009.3)

示されるように，先進国と発展途上国の差が歴然としている．先進国は GDP 当たりのエネルギーが多いと同時に人口当たりの消費エネルギーが大きい．

先進国と発展途上国の総エネルギー消費量は2000年には74:26であったが，今後の見通しでは2030年に52:48になり，さらに2050年には48:52と逆転すると予想されている．

石油や石炭などの化石燃料が枯渇するまでには100年余である．その後U-235によって100年，さらにU-238を利用する増殖炉(FBR)が利用できれば数百年は大丈夫であろう．また，その頃には核融合による発電が期待できる段階に達するであろう．これは原子力発電の利用がすべてスムーズに進展しての仮定である．現実にはいろいろなエネルギー源があるが，それを利用するに当たっては最終的には実質的な発生エネルギ 効率 EPR．[「エネルギー資源の出力エネルギー」/「エネルギー資源を得るに要したエネルギー」(Energy Profile Ratio : EPR)]が重要となる．EPRはエネルギーを生産するまでに投入したエネルギー量に対してその何倍のエネルギーが得られるかを示す量である．したがって，EPRはエネルギー資源の価値を表したものであり，EPRが1以下では投入したエネルギーより得られたエネルギーの方が少ないことになり，エネルギー源としては全く意味がない．したがって，EPRは経済的な指標として重要な数値である．各エネルギー源に対するEPRは図1.16に示すとおりである．原子力や水力は非常に高いEPRを示すので，有望なエネルギー資源であるといえる．しかし，原子力発電には過去にいろいろな事故でみられたように，その危険性が大きく懸念されている．図1.17に示されるように，原子力発電所の計画外停止は，世界的にも多くはない．日本では計画停電は東日本大震災の際に実施されたが，世界的に見ても原子力発電に関して計画外の停止は少なく運転されている．これは，計画的に停止して行う定期的保守に加えて運転中保守も行われているからである．

現在多く原子力発電用に使用されている軽水炉は天然ウランを4%程度に濃縮したU-235によって発電している．しかし，プルサーマル(MOX燃料)で利用すると軽水炉で発電する場合の1.5倍，高速増殖炉にすると60倍程度のエネルギーが利用できる．CO_2排出を低減する面からは原子力エネルギーの有効利用は切り札ともいえる．世界のエネルギー資源も大きく原子力に依存している．

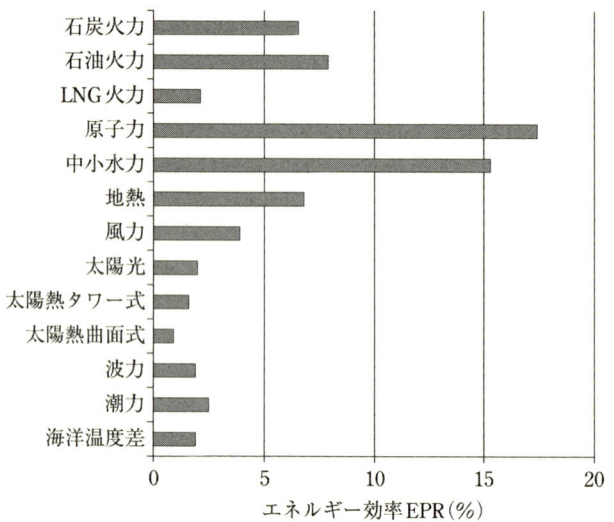

図 1.16　エネルギー源の利用効率(EPR)(出典：産総研太陽光発電研究センター「再生可能エネルギー源の状態」)

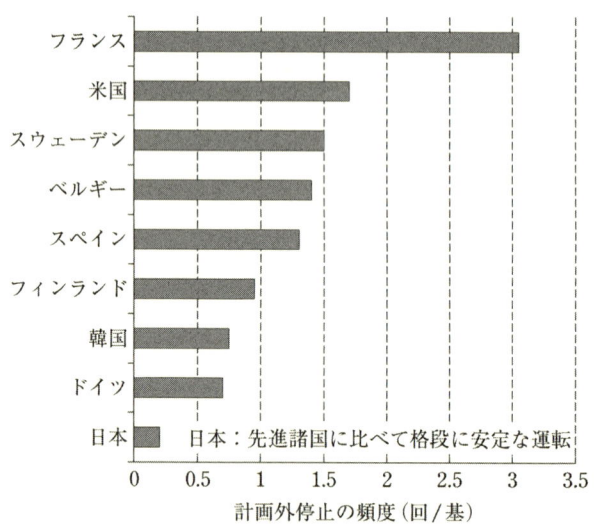

図 1.17　原子力発電所の運転成績(計画外停止の頻度)(出典：電気事業連合会資料)

自然エネルギーとして大きく期待されている太陽光発電や風力発電は現在ではEPRが未だ低く，さらに普及を図るためには変換効率のさらなる向上等の技術的なレベルアップが必要であろう．

　世界的に訪れる21世紀後半のエネルギー資源の枯渇問題は深刻である．中でも科学技術立国を基盤としながらも，一次エネルギーの大半を中東からの輸入に依存せざるを得ない日本の脆弱なエネルギー事情にとっては最も身近で深刻な課題である．今までの日本のように，お金を出せば石油も石炭もいくらでも買える時代はすでに限界に来ているといえる．数世代を経た後に私たちの孫や，曾孫にまでも安心して暮らせる環境とエネルギーを私たちの遺産として残してやることは，今やらなければならない喫緊であるとともに長期的な課題であり，これに対し真剣な取組みが迫られている．さらなる技術革新によって省エネの問題や地道な自然エネルギーの導入への努力も積極的に進めなければならない課題である．

　しかし，超長期的なエネルギー源は「地球の太陽」や「夢のエネルギー」ともいわれている核融合が主力となるであろう．核融合では水素1kgで10^{14}ジュール(10^{14}W)の莫大なエネルギーを生み出し，またそれはCO_2を排出せず，放射性廃棄物も出さない．燃料もほぼ無尽蔵ともいわれる重水素でありミニチュアの太陽である．

　世界が協力して南フランスに建設中の国際熱核融合実験炉(ITER)が実験を開始できるのは2026頃になる予定である．さらにその後実証炉の設計に着手し，最終的に電力網に電力を送り始められるのは最速でもさらに30から40年後になりそうである．それまではどうあっても原子力を始め化石燃料や自然エネルギーを有効に活用しなければならない．特に21世紀はエネルギーをはじめ各種の資源は有限であることをしっかり認識することが必要な時代になった．

1.4　大気汚染物質と温暖化

　21世紀は環境の世紀であることを何につけても痛感される事象が各場面で多く見られる．持続可能な，とかサスティナブルな，という言葉が頻繁に使われるが，それは人間活動によって自然環境とのバランスの崩れが顕著になったか否かが問題化してきたことを意味している．

空気は食物や水と同様というより，それ以上に人間の体内に毎日一時も休むことなく直接取り込まれている．したがって，空気に汚染があれば人の生命を脅かすことさえ生じかねない．本来クリーンな空気は多くの気体分子の混合であり，ほぼ表 1.2 に示した割合で構成されている．空気の 78％を占めている窒素は不活性で何の役割も果たしていないようである．しかし，窒素の割合が高いことによって酸素の活性を適量に抑制するという大きな役割を果たしている．空気の 21％の酸素は人間の呼吸作用によって体内に吸収され，酸素濃度は 16％に減少し，CO_2 とともに吐き出される．また，土中の微生物による分解と呼吸によっても大気中に CO_2 を放出する．このような地球上の動植物のいろいろな原因や営みによって気体成分の吸収や排出はあるが，自然環境下では総合的にはこの表の割合でバランスしているのである．窒素や酸素のように多量に存在する成分が変化することが局部的にはあっても全体としてほとんど変化には表れない．しかし，微量成分でも特殊な成分の濃度が高くなり，それが大気汚染物質として問題となっている例が多い．それは大気中に微量に存在しているのでわずかの吸収や排出があっても濃度変化として表れる．その主な排出源は，自動車，工場や火力発電所，最近では船舶などである．

かつての工業地帯の煙突からはもくもくと多量の黒煙が元気よく立ち上っていた．その当時はその光景は生産活動の活力を示すバロメータであり，称賛される対象であった．黒煙は石炭や石油の不完全燃焼によって排出される炭素の微粒子であり，その汚染の度合は黒さの量によって目視でも大雑把にはわかった．しかし，燃焼排ガス中には炭素以外にも目には見えないが，人体や動植物に悪影響を及ぼすいろいろなガス状物質がある．それ等は光化学スモッグ，光化学オキシダントや酸性雨などとして人体や植物にも損傷を与え，土壌や水系にも影響を及ぼすことになる．したがって，人体に影響の大きい物質について日本ではその濃度を環境基準として表 1.4 のように定めている．これは世界でも厳しい濃度基準である．比較的濃度の高い代表的なガス状汚染物質である NO_2 と SO_2 の測定結果は図 1.18 に示すように環境基準をはるかに下回るまで減少してきている．車の少ない農村などの空気の清浄な所における NO_2 濃度は 0.0001〜0.004 ppm，SO_2 濃度は 0.0001〜0.0003 ppm 程度であるので，これらとは少し差はあるが，最近一般道の近くでもクリーンな状態に改善されてきて

いる.

大気汚染物質の中の大きな問題として,人体に直接影響を及ぼす物質も多いが,その他に地球温暖化の問題がある.地球表面の温度は大気中に存在するわ

表1.4 大気汚染に係る環境基準

物質	環境基準
二酸化硫黄 SO_2	1時間値の1日平均値が0.04ppm以下であり,かつ1時間値が0.1ppm以下であること.
二酸化窒素 NO_2	1時間値の1日平均値が0.04ppmから0.06ppmまでのゾーン内またはそれ以下であること.
一酸化炭素 CO	1時間値の1日平均値が10ppm以下であり,かつ1時間値の8時間平均値が20ppm以下であること.
浮遊粒子状物質	1時間値の1日平均値が$0.10 mg/m^3$以下であり,かつ1時間値が$0.20 mg/m^3$以下であること.
光化学オキシダント O_x など	1時間値が0.06ppm以下であること.
ベンゼン C_6H_6	1年平均値が$3 \mu g/m^3$以下であること.
トリクロロエチレン $ClCH=CCl_2$	1年平均値が$200 \mu g/m^3$以下であること.
テトラクロロエチレン C_2Cl_4	1年平均値が$200 \mu g/m^3$以下であること.
ジクロロメタン CH_2Cl_2	1年平均値が$150 \mu g/m^3$以下であること.
ダイオキシン類(ベンゼン環二つと塩素の化合物)	1年平均値が$0.6 pg\text{-}TEQ/m^3$以下であること.
微小粒子状物質	1年平均値が$15 \mu g/m^3$以下であり,かつ,1日平均値が$35 \mu g/m^3$以下であること.

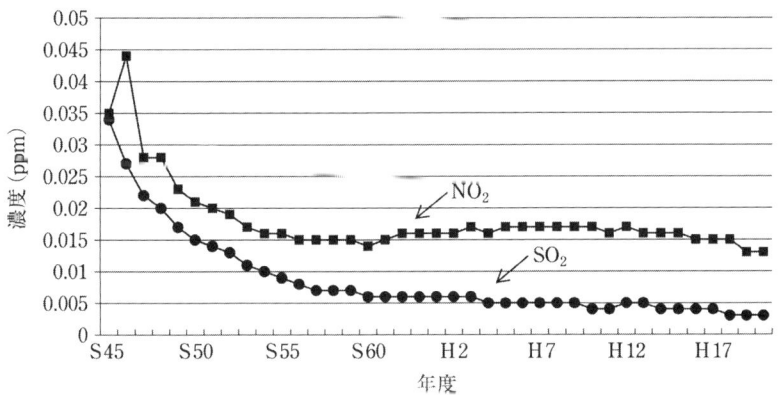

図1.18 窒素酸化物・硫黄酸化物濃度の推移(出典:環境省測定データより作成)

ずか0.03〜0.04％ (300〜400 ppm) の濃度の温室効果ガスによって維持されている．したがって，このわずかに存在する温室効果ガスによって地球表面の平均気温は15℃程度に保たれているのである．仮に地表に水蒸気やCO_2等の温暖化ガスが全くなかったら地球表面は-15℃になってしまうという．過剰な温室効果ガスは困るが，適量な温室効果ガスには地球上のすべての動植物に大きな恩恵を与えているのである．300〜400 ppm の CO_2 濃度は地球上の動植物が生命活動を維持していくための必需品なのである．表1.2 で ppm や ppb オーダのごく微量に存在する各ガスの詳細な役割は確かめられてはいないが，これ等の微量な成分はいずれも CO_2 と同様に私たちにとっては必要な成分であるかも知れない．

地球温暖化に影響を与えているといわれているガスの種類とその主な性質を表1.5 に示す．ガスの種類によって大気中で生存している寿命，温暖化の能力を示す温暖化係数(ガス分子が太陽からの赤外線を吸収する能力：CO_2 を基準にその倍数で表示)や大気中の濃度は大きく異なる．SF_6 や NF_3 のように CO_2 に対して温暖化係数が桁違いに大きいガスもある．しかし，大気中に排出され

表1.5 温室効果ガスの寿命および地球温暖化係数

物質名		寿命(年)	温暖化係数	大気中の濃度
二酸化炭素	CO_2	200	1	340 ppm
ハイドロフルオロカーボン	HFC-23 (CHF_3)	250〜390	11700	ー
	HFC-32 (CH_2F_2)			数10 ppt
	HFC-134a	6	650	数10 ppt
パーフルオロカーボン	PFC-14 (CF_4)	50000	6500	ー
	PFC-116 (C_2F_6)	10000	9200	ー
	PFC-218 (C_3F_8)	2600〜7000	7000	ー
フッ化硫黄	SF_6	3200	23900	ー
フッ化窒素	NF_3	50〜740	6300〜13100	ー
メタン	CH_4	11	21	1.8 ppm
一酸化二窒素	N_2O	130	310	0.3 ppm
オゾン	O_3	短時間	2000	0.03〜0.2 ppm

地球温暖化係数：二酸化炭素に対する相対値

ているガスの量は CO_2 が圧倒的に多い．ハイドロフルオロカーボン，パーフルオロカーボンや SF_6 等は，大気中の平均的な濃度は非常に低く，地球温暖化には影響がわずかである．また，これらの物質はオゾン層破壊物質としても問題となる．CO_2 はガス状で多量に排出されるが無臭であり，健康に直接影響を及ぼさないので，私たちには感覚的にその存在や濃度はわからない．

長年にわたり地球上の平均温度と CO_2 濃度の測定値を綿密に調査して整理した結果，図 1.19 に示すような特性が得られた．この結果は大気中の CO_2 濃度の上昇に相応して平均温度が上昇していることを明らかにしたものである．さらに，今後 10～30 年では 2.4～2.8℃上昇するとも予想されている．温暖化はガスの赤外線吸収効率で決まる温暖化係数，ガス濃度とガスの寿命によって決まり，地球上には何種類もの温暖化ガスがあるが，図 1.20 に示すように温室効果への寄与率は二酸化炭素(CO_2)が 61％で最も高い．

実際に地球上の大気の CO_2 は 40 万年もの長年ほぼ 280 ppm 程度に保たれていた．かつて薪や石炭がエネルギーの主体であった時代には CO_2 の発生は少なかったので自然の営みによる自浄作用により抑えられていた．しかし，濃度の測定値を見ると，1900 年頃までの上昇率はわずかであったが，最近の 100 年では 380 ppm 以上にまで上昇し，400 ppm に近付いている．実際にこの CO_2

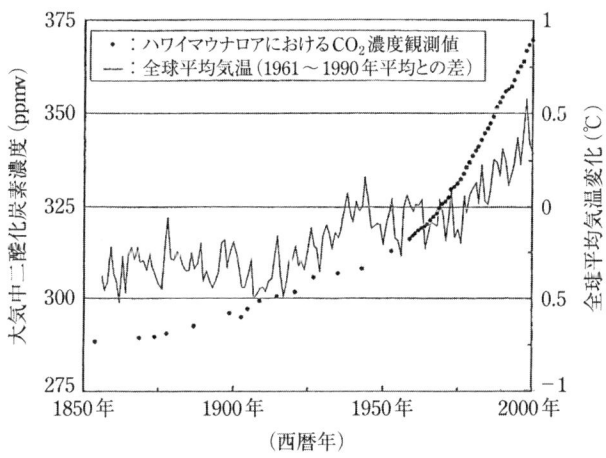

図 1.19 気温と CO_2 の温度変化（www.aloha.kumax.com/rcpart mauma.loa.htm）

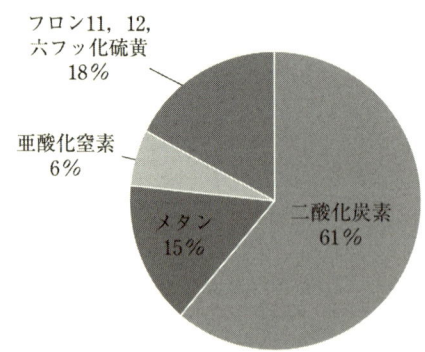

図 1.20 温暖化ガスの地球温暖化寄与率(産業革命以降の累積)(出典:荻野和子著,「温室効果ガスと地球温暖化」,現代化学,2007.9)

濃度と温度の上昇が人間活動によっているのか,自然現象そのものであるかの議論は長い間なされてきた.しかし,これに対してIPPC(気候変動に関する政府間パネル)は90％は人間活動によるものであると判断を下した.最近の精度の高いシミュレーションによれば,相当に楽観的な見方をしても CO_2 濃度は自浄能力を超えて,今後さらに増加し,100年後には1.4〜5.8℃の温度上昇になると見られている.この温度上昇は国土が赤道方向に 1500 km 移動した気象に相当し,人間をはじめすべての動植物はわずか数百年の短い間に起こる急速で大きな温度上昇の変化に対応できない.

温暖化ガスによる地球表面の温暖化プロセスを簡単に示すと,**図 1.21** のとおりである.太陽から来る紫外線は地球表面に照射されると,地面から赤外線が放射されるが,地表近くに二酸化炭素,メタン等の温室効果ガス層が存在すると,このガスは赤外線を吸収して温度上昇するので,地表大気の温度を上昇させることになる.地表温度が平均して 15℃ 程度の動植物の生存に適した温度に保たれているのは地表に濃度 300〜400 ppm の CO_2 が存在するためである.この濃度範囲の CO_2 が本来の自然環境であり,バランスのとれた地表の正常

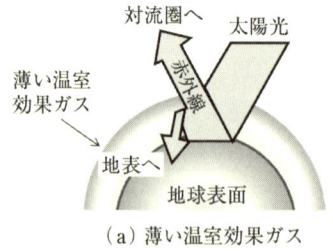

(a) 薄い温室効果ガス

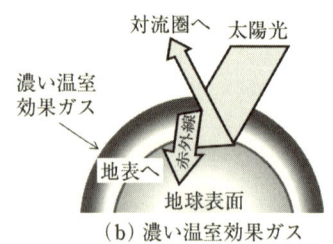

(b) 濃い温室効果ガス

図 1.21 温室効果のプロセス

状態なのである．

　人類の産業活動の中で CO_2 の 70％は発電や自動車などのエネルギーシステムから排出されるもので，石炭，石油や天然ガス等の化石燃料等を主体とする発電・運輸分野からの発生が圧倒的に多い．CO_2 排出量を削減するためには，自然エネルギーや原子力発電の割合の増加や，さらには早期の核融合への転換が期待されるのは当然のことであろう．

　過去にもいろいろな問題はあったが，CO_2 の排出量を国別で見ると，図 1.22 に示すように，アメリカと中国の排出割合が圧倒的に多い．また，1 人当たりの排出量から見ても図 1.23 に示すようにオーストラリアとアメリカが先進国のなかで最も多い．オーストラリアは 1 人当たりではアメリカとほぼ同じであるが，人口が少ないため国別にみると 1.4％にすぎない．CO_2 排出量の最も多いアメリカが京都議定書に調印しなかったのは残念なことではあるが，ロシアが加わったことによって 55 ヵ国になり条件が整い，京都議定書は 2005 年 2 月 16 日に成立し，2008 年にスタートした．その概要は，国によって約束の削減割合は異なり，1990 年比で，CO_2 の排出量の削減に向けて努力することにな

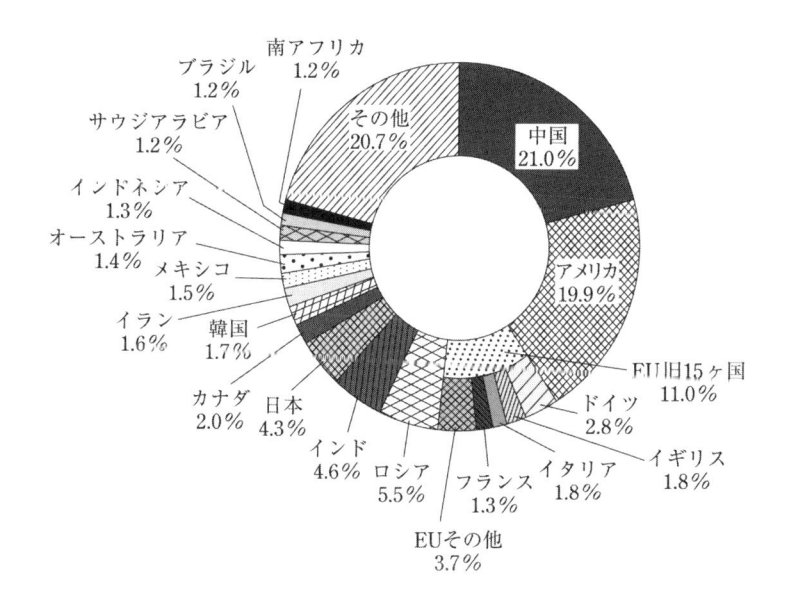

図 1.22　世界各国の二酸化炭素排出割合（出典：環境白書 平成 22 年版）

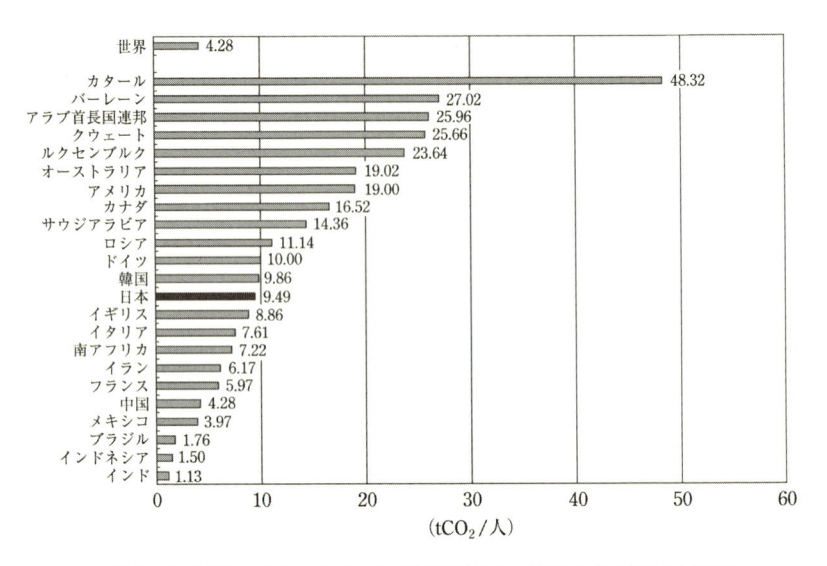

図 1.23 国民1人あたりのCO_2排出量(出典：環境白書 平成21年版)

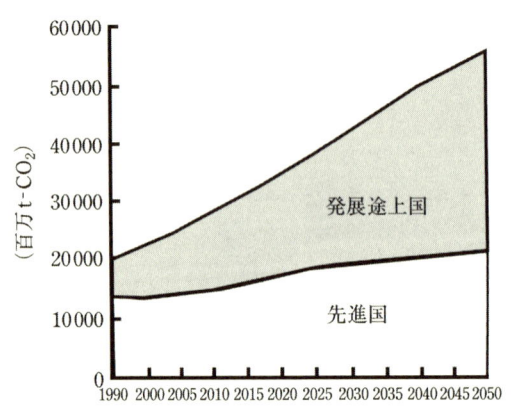

世界 4.28
カタール 48.32
バーレーン 27.02
アラブ首長国連邦 25.96
クウェート 25.66
ルクセンブルク 23.64
オーストラリア 19.02
アメリカ 19.00
カナダ 16.52
サウジアラビア 14.36
ロシア 11.14
ドイツ 10.00
韓国 9.86
日本 9.49
イギリス 8.86
イタリア 7.61
南アフリカ 7.22
イラン 6.17
フランス 5.97
中国 4.28
メキシコ 3.97
ブラジル 1.76
インドネシア 1.50
インド 1.13

(tCO_2/人)

図 1.24 世界の二酸化炭素排出量の予測(出典：環境白書 平成20年度版)

った．削減量は 2012 年までに CO_2 を世界全体で 5％，日本では 6％である．

図 1.24 に示した世界の CO_2 排出量の現状と予測のように，現状の全排出量は先進国の方が開発途上国より多い．しかし，今後の開発途上国の経済発展を見込むと，CO_2 の排出量は増加し，2020 年には両者は逆転するであろう．実際には CO_2 排出制限をすることはその国の経済発展にとっては大きなブレーキとなる．この点を含め，拙速な温暖化対策を実行することを心配する識者の警告もある．例えば，排出した CO_2 を処理するコストと太陽電池発電に必要なモジュールや電力を平準化するための電池や蓄電設備等を比較すると後者の方が高くなる点が挙げられている．京都議定書は先進国

を主体としてスタートしたが,世界のすべての国が参加するようにするのが今後に残された大きな課題である.CO_2の排出量が多いアメリカは先の京都議定書に調印しなかったが,アメリカも CO_2 排出量の削減などの環境改善に対して熱心に取り組んでいることは確かなようである.

実際に,地球の温度は 1900〜2000 年の間の 100 年で 1℃ の上昇しており,この結果で海面は 10〜20 cm 上昇している.海岸近くの陸地も深刻であり,海水中のみならず陸上における動植物の生息にとって厳しい条件となる.このことは動植物だけでなく,私たち人間の生活にとっても食糧をはじめ,厳しい生活環境となっているのである.

表 1.6　地球温暖化の影響

(a) 地球温暖化の影響の現状

対象	観測された変化
世界平均気温	2005 年までの 100 年間に世界の平均気温が 0.74 (0.56〜0.92)℃ 上昇. ・最近の 50 年間の温度上昇の長期傾向は過去 100 年間のほぼ 2 倍.最近 12 年(1995〜2006 年)のうち 1996 年を除く 11 年の世界地上温度は,1850 年以降で最も温暖である. ・北極の平均気温は過去 100 年間で世界平均温度上昇のほぼ 2 倍.
平均海面水位	20 世紀を通じた海面上昇量は,0.17 m.1993〜2003 年の上昇率は年当たり 3.1 mm.
暑い日および熱夜	発生頻度増加
寒い日・降雪日	発生頻度減少
大雨現象	発生頻度増加
干ばつ	1970 年以降,干ばつ地域拡大.激しさと期間増加.
氷河・積雪面積	南北両半球において山岳氷河と積雪面積は平均すると減少.

(b) 地球温暖化の影響の予測(引用:環境白書　平成 18 年版)

対象	1990〜2100 年までに 1.4〜5.8℃ 上昇
平均海面水位	1990〜2100 年までに 9〜88 cm 上昇.
気象現象への影響	洪水,干ばつの増大,台風の強力化
人の健康への影響	熱ストレスの増大,感染症の拡大
生態系への影響	一部の動植物の絶滅,生態系の移動
農業への影響	多くの地域で穀物生産量が減少,当面増加地域も
水資源への影響	水の需給バランスが変わる,水質への悪影響
市場への影響	特に一次産物中心の開発途上国で大きな経済損失

IPCCによると現在の温暖化の影響は**表 1.6**(a)に示すとおりであり，それほど深刻の状況ではない．しかし，今後温暖化の抑制の効果が顕著に出なければ，温暖化により具体的に(b)に示すような各分野にわたって厳しい影響が予想されている．現在でも世界の各所に見られている異常気象も地球温暖化が原因であるとする研究者もいる．現在地球温暖化は確実に進んでいることは確かである．私たちはこの現状を何とか改善せねばならないぎりぎりの瀬戸際に立たされている．私たちは個々人でも京都議定書をはるかに越えた姿勢で立ち向かわなければないことだけは確かである．

1.5 サスティナブルな環境

サスティナブルであることは生産と消費，発生と消滅がバランスしており，その産物が完全にリングを形成していることである．したがって，サスティナブルな環境の最も基本的な視点は自然環境と人や動植物の活動が共生し続けられることである．地球上には174万種の生き物が居るといわれており，多種多様な生き物は相互に食べたり食べられたり，住み家となったりして繋がり合って生命を維持してきた．また，この生物多様性によって自然が維持され，形成もされてきた．

最近は自然環境が少し変化し始めているように誰もが感じているが，その原因は人間活動に起因するものであることが明らかになってきた．その根源は現代の社会が人口増加と生活スタイルの変化，およびそれに伴うエネルギーや各種の製品の大量生産・大量消費・大量廃棄によって循環できなくなってきたためである．これを少しでも軌道修正するためには各々がトータルとして相補的であることである．1970年代には公害問題が多くあったが，これ等の多くはその影響の範囲がローカルに止まっていた．80年代には発生源が明瞭で局所的であったので公害は沈静化することができた．しかし，90年代になって公害から地球環境という，ローカルから広域で国や地球全体の問題に変わってきた．この顕著な変化は日本で1974年に設立された国立公害研究所が，1990年には国立環境研究所に名称変更されたことに端的に現れている．長期的に見れば，人類400万年の歴史があるといわれているが，サスティナブルな地球環境は有限な現象であることに20世紀から21世紀にかけてようやく気づいたとい

ってよい．今はこの変化の原因に対する正解を準備するだけでなく，実際にその対応に取り組まなければならない．

　私たちは学問分野を自然科学系と人文・社会系に大別することがあるが，安全と安心はこの両方の面から保障されてこそ真に満たされたと認識できるものであろう．この両者が，また物心両面からほぼ保障されてこそサスティナブルな環境に近付いたといえるであろう．世の中には物に対しても，心に対しても絶対を求め，妥協は一切許さない，と唱える人も少しはいる．しかし，ここで「ほぼ」と改めて記したのは，自然現象の変化も，技術的にも100％や絶対的な保障は有り得ないからである．それは自然状態も，場所としての緯度や高低，季節，日時，天候などにより数値的には幅を持っている．また，自然現象もおおむねはサイクルで変化しているが厳密ではないし，突発的な変化も起こる．どんな精密機械も製品も数百，数千の部品から組み立てられ，人が操作するのである．絶対に向けてあらゆる面から究極の努力をすることは必要なことである．しかし，絶対を強く主張するのは，過去のことではなく，1秒1分でも未来のことで，人が関与する限り絶対を保障することはできないであろう．

　自然環境の変化が局部的で，わずかの変化であれば，ゆっくりと自己回復できるであろうし，それを技術的に援助することはできるが，それには限界がある．例えば大気中に自動車から排出される NO_x は低濃度であれば自然の雨に溶解し，これは植物を成長させる窒素肥料の役割をも果たす．しかし，高濃度になれば触媒，プラズマや吸着剤などの技術によって分解したり，吸着したりして，低減する手段が必要になる．しかし，それを行うのにはエネルギーや特別の技術，素子や材料を必要とする．できることなら，このようなエネルギーや技術にたよらず，自然現象の営み(吸収や転換)の範囲で修復でき，急激で大きな変化を起こさない状態を維持することこそサスティナブルである．したがって，自然環境に関しては当然ロングレンジにサスティナブルであることが必要であり，それが循環型社会であり，人と他の全てのものとが共生できる環境的社会なのであろう．

　日本の平均寿命が2005年には世界一で，82歳になった．第二次世界大戦以前は，人生わずか50年といわれ，60歳になれば長寿で還暦を親戚や知人でお祝いするのが通例だった．しかし，現在では還暦は長寿の範囲ではなくなり，

人生の通過点であり，未だ働き盛りといえる人が多い．しかし，今でも発展途上国の貧困国では平均寿命が 35～36 歳という短命の国も多くある．この差は貧困による食糧にも大きく依存するが，水・空気や食糧などの基本的な生活環境や医療に関する技術などの各種の科学技術の果たしている役割が極めて大きい．

　発展途上国に行ってその生活状態を見ると，サスティナブルな環境とはあまりにもかけ離れていると感ずるのは私だけではないはずである．一方，先進国社会においては過剰生産・過剰消費・過剰廃棄的な状態が定常的となり，これ等の過剰状態は目にあまる．必要なものは何でも手に入るのが当たり前であると考えるような社会は非常に心配である．このような人々の生活は，過乗製品や飽食と思われる方向に進み過ぎていると言ってもよさそうである．なかでも，わが国のような先進国は生活環境が整い過ぎともいえ，例えば，抗生物質・抗菌グッズや無数の新しい高性能の薬品があふれている．私たちが今までかって経験したことのない過度な清潔社会である．そのためもあり，これまで人類や動植物と共存して生きてきた細菌で生存できなくなった種類も多くなってきた．

　一方，予想もしなかった新しい菌や病気が発生してきている．新しい菌や病気に対する免疫やバランスが崩れたり，新しい発症があったりして，それが致命傷となっていることが多くなっている．人間が始めて経験する新しい現象や対応できないほど環境の変化のテンポが速くなっているとも言える．少し変化が早くなっているだけであれば順応できるが，最も問題となっている原因の多くは，急激な変化である．その結果，あまりにも進んだ清潔社会は大きな落とし穴があるともいわれ，急テンポの科学技術の発展は人類のサスティナブルな環境にとって負の要素も大きく増幅していることの認識も必要となるであろう．例えば，ピロリ菌が胃の中にあると胃潰瘍を発症するが，抗生物質によってピロリ菌を抑えたら，食道ガンが急増したともいわれている．これはピロリ菌の減少と食道ガンの増加の間には明瞭ではないが，深い関係があるためであるという．また，昔は全く聞いたことはなかったが，花粉症で悩まされる人が多くなっている．無菌状態に近い環境慣れした人間の体も各種の菌には弱い体質になっていることも原因しているようである．

　サスティナブルであるためには多くの要素があるが，世界的に共通な一つの

要素は地球温暖化の問題である．その主因となっている二酸化炭素(CO_2)について，例えばガソリンの中の成分であるブテン(C_4H_8)は燃焼により

$$C_4H_8 + 6O_2 \rightarrow 4CO_2 + 4H_2O$$

で示されるような化学反応によって二酸化炭素(CO_2)と水(H_2O)を発生する．一方，CO_2成分と水(H_2O)から，植物による光合成によって，

$$n(CO_2) + n(H_2O) + h\nu \xrightarrow{光} (CH_2O)_n + nO_2$$

のように，植物繊維である含水炭素$(CH_2O)_n$が形成される．化石燃料の燃焼や人の呼吸によって排出されるCO_2の発生と植物の光合成により消費されるCO_2がバランスされていれば，CO_2の発生と吸収の間には循環が成立したことになり，すなわちこれがサスティナブルな状態であるといえる．動植物に影響を及ぼし合う各種の成分について，このようなバランスさせる大気環境にいかに近づけるかは私たちに課せられた大きな課題である．企業や自治体も個人の集まりであることを考えると，他人に責任を転嫁することなく自分の問題であるとの認識を持たなければいけない．かつての高度経済成長の時代と，これからの持続可能性を目指す時代とでは同じ考えでは対応できないことは当然なことである．

人口増加と生活環境の進歩により種々の自然環境の変化を来して，サスティナブルでなくなってきており，さらにそれは深刻な方向に進みつつある．それは生態系の危機，温暖化の危機，資源の危機である．廃棄物やバイオマスは未利用資源であるとする感覚が基本的に必要になっている．サスティナブルの方向を維持するためには3R(Reduce：排出制御，Reuse：再使用，Recycle：再生利用)の推進であろう．さらに，将来的な観点から修理(Repair)と過包装なし(Refuse)を加えた5Rが必要となっている．

サスティナブルには「もったいない」の心が最も役割を果たすはずである．

1.6 空気と生命

地球上では過去に環境の大きな変化が何回も起こったが，その変化は長年掛けて徐々に変化したものである．そこに棲む動植物は，その変化に順応して成長し，次世代へと生命を継承してきた．動植物が環境に順応できたのは急激な変化ではなく，数千年，数万年単位にわたるロングレンジでゆっくりとした変

化であったからである．恐竜の時代には千年に1種類の生物の絶滅速度であったが，近年の1900〜1960では1年に1種類，最近では年間4万種が絶滅しているという．これを支配しているのは環境の主役，すなわち生命の継承の主要な要素である適度な温度と水と空気の存在であるといっても過言ではない．

　私たち人間は食物なしで数週間，水なしで数日間は生き延びることができる．しかし，空気(酸素)なしでは数分も生きられない．人間は1分間に平均すると男性が11.6回，女性が11.7回呼吸しなければ生命を保てない．そのため大人は1日平均15〜20 m^3，重量では18〜24 kgの空気を呼吸で吸い込んでいる．この空気の呼吸によって大人は1日0.68〜0.91 m^3の酸素を体内に取り入れて，CO_2として吐き出している．一生を80歳とすれば438000〜584000 m^3(526〜700t)もの大量の空気を必要としている．

　人間に対する酸素の役割を考えて見ると，先ず私たちの体は60兆個の細胞からできているとされている．この細胞と酸素のかかわりを見ると，空気は鼻から気道(気管枝)を通って肺に入る．人間や脊椎動物の血液中に存在するヘモグロビンは血液中の赤血球にある蛋白質であり，酸素と結合する性質がある．呼吸により空気を取り込んだ肺では酸素濃度が高い，すなわち酸素圧の高いため，酸素とモグロビンが結合し，酸素圧の低い所(抹消組織：毛細管)に送られる．

　血液中に取り込まれた酸素は心臓のポンプ作用によって体全体に送られ，その先端では毛細管に繋っている．動脈から毛細管を通して血液によって細胞まで運ばれてきた栄養素と酸素は燃焼反応によりエネルギーを発生し，そのエネルギーで細胞は活動している．燃焼反応によって生じた老廃物としての二酸化炭素(CO_2)は血液によって肺にまで運ばれて酸素と交換されるのである．酸素と結合したヘモグロビン(オキシヘモグロビン)は動脈を流れる鮮赤色の血液であり，酸素と結合していないヘモグロビン(デキシヘモグロビン)は静脈を流れる暗赤色の血液である．

　酸素とヘモグロビンの間にはこの様な関係にあるので，酸素が欠乏すると，栄養素があってもそれをエネルギーに転換できず，一酸化炭素(CO)等の老廃物が作られ，血液の流れを悪くし，生命を維持するのも困難になる．人間の生命を維持しているのは一時も休むことなく血流を通して供されている酸素であ

るといっても良い.

　このような空気と生命，すなわち空気と血液のヘモグロビンとの関係は人間に限ったことではなく，すべての動物，爬虫類等の生物に共通した，生命に直結した関係にある．水中に溶解した空気を含めれば魚類も同様である事を考えると，まさしく空気環境は地球上のすべてを支配している要素であるともいえる．生物多様性の保護が叫ばれている現在であるが，地球上に 3000 万種居るとされている動植物から細菌に至るまでの各々の生命のバランスを大きく崩さないような環境をいつまでも保ちたいものである．

第 2 章　空気汚染物質とその浄化技術

大気本来の成分は表 1.2 に示した通りである．この自然環境の範囲であれば何れの微量の成分であっても必要であろう．しかし，微量であっても，これを超ええたら人体にとって害となる成分が大気汚染物質である．大気汚染物質について実際の測定例を**表 2.1** に示す．現状，多くの成分は本来の自然状態の濃度を超えた濃度になっている．私たちの健康を維持するために有害な汚染物質の上限を決めているが，これが大気汚染に関する環境基準であり，日本の環境基準では表 1.4 のように主要汚染ガス成分の上限を定めている．この基準を守るために，またはこれを超えた分を改善するために，ガスの成分によっていろいろな異なる処理技術が必要になる．

表 2.1　環境分析で重要な気体の例

化合物	およその濃度(存在する場合)(vol/vol)	代表的な測定法
CO	100 ppb〜20 ppb	電気化学；GC
CO_2	345 ppm	
CH_4	2 ppm	
$CFCl_3$(フロン 11)	200 ppt	GC，電子捕獲
CF_2Cl_2(フロン 12)	350 ppt	GC，電子捕獲
炭化水素	1 ppt〜1 ppb	赤外吸収
NO	5 ppt〜1 ppb	赤外吸収，化学発光
NO_2	1 ppb〜150 ppb	赤外吸収，化学発光
N_2O	300 ppb	赤外；GC，電子捕獲
O_3	1 ppb〜100 ppb	赤外吸収；化学発光
SO_2	1 ppb〜100 ppb	フレーム分光法，分光光度法

ppm：10^{-6}，ppb：10^{-9}，ppt：10^{-12}

2.1　窒素酸化物（NO_x）

空気は大雑把には窒素が 3/4(78%)，酸素が 1/4(21%)の割合を主成分とした混合気体である．人間は毎日 18〜24 kg(体積では 15〜20 m³)の空気を呼吸している．呼吸により空気中の酸素は肺を通して血液に入り，体内に取り込まれるので，呼吸により排出空気の酸素濃度はわずかに減少することになる．しか

し，空気中の酸素濃度が低下しないのは，植物による酸素同化作用によって大気中の CO_2 を吸収し，酸素を放出しているからである．

空気中の大気汚染物質である窒素酸化物(NO_x)の濃度は，窒素と酸素のように空気中に多量に含まれておらず，ppm や bbp(ガス分子の個数割合で 1ppm は $1/10^6$ 個，ppb は $1/10^9$) 単位で示される濃度の範囲である．適量の濃度であれば，大気中の NO_x は雨に溶解して地中で窒素肥料となり植物を育てる役割を果たしてくれている．かつては「雷の多い年は豊作である」といわれてきたのも全くでたらめでも，単なる言い伝えでもないようである．それは雷放電によって大気中で NO_x が作られ，窒素肥料として役立つからである．したがって，大気中には適量の NO_x 濃度が本来の自然環境の維持のためにも必要である．人為的にも排出しているが，自然現象の中でも発生と消費をしているのである．大気中には適量の NO_x が必要であるという主張はめったには聞かない表現であろう．しかし，植物を育てるに必要な窒素肥料を供給しているのが大気中に存在する微量の NO_x である．その濃度は表 2.1 にも見られるように，環境基準として定められている 0.04ppm 程度以下の濃度である．この範囲内の NO_x 濃度では呼吸によって体内に取り込まれても人の体内の浄化作用によって無害化できる範囲なのである．

空気中の NO_x 濃度が低い場合は問題ないが，それが高濃度になると直接人の健康に悪影響を与え，大気中で硝酸(HNO_3)になり，酸性雨として動植物に直接および間接的に悪影響を及ぼす．実際に NO_x は過剰になれば直接呼吸器を冒したり，光化学スモックとなり，これが原因で死者が出た例もある．したがって，NO_x を本来の大気濃度以下にまで低減して維持することは安心して呼吸できる空気として最も基本的なことである．

NO_x 発生源には火力発電所，工場や焼却炉のような固定発生源と自動車や船舶のような移動発生源がある．これ等の排ガスの窒素酸化物などの排出源を見ると図 2.1 に示すようにボイラからが最も多く，次いでディーゼル機関である．

NO_x の固定発生源に対しては，脱硝装置を設置し大気中への排出量を低減してきた．このため，現在では環境的に問題は少なくなった．NO_x 削減には燃料を燃焼する前の段階で処理する(インプラント：IP)方法と，燃焼後に処理する(エンドオフパイプ：EOP)方法があるが，固定発生源に対しては主として

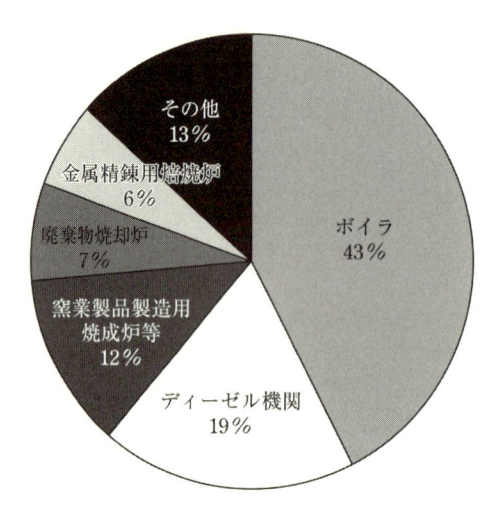

図 2.1 固定発生源から排出される窒素酸化物

- ボイラ 43%
- ディーゼル機関 19%
- 窯業製品製造用焼成炉等 12%
- 廃棄物焼却炉 7%
- 金属精錬用焙焼炉 6%
- その他 13%

表 2.2 NO_x 低減方法

NO_x 低減方法	適用
熱分解法	650～800℃
触媒＋熱分解	200～300℃
触媒	三元触媒（ガソリン車）
アンモニア噴射法	大型固定発生源
吸着	活性炭，ゼオライト
電子ビーム	大型
プラズマ	

EOP が適用されている．その理由は NO_x の生成は燃料が由来ではなく空気が由来であること，除去率が高いこととコストメリットのためである．

EOP による NO_x 低減には**表 2.2** に示したように，いろいろな方法がある．これらの方法のうち固定発生源として多く使われているのはアンモニア噴射法と呼ばれる化学的な処理である．この方法は燃焼炉の中にアンモニア（NH_3）を吹き込み，金属系触媒の中を通過させる．燃焼炉の中で NO_x と NH_3 は次の反応式のように化学的に反応して分解されて除去される．

$$4NO + 4NH_3 + O_2 \rightarrow 4N_2 + 6H_2O$$
$$6NO_2 + 8NH_3 \rightarrow 7N_2 + 12H_2O$$

この反応のように，アンモニア噴射法は NO_x が完全に分解して無害な窒素（N_2）と水（H_2O）を生成する理想的な処理方法である．排出される NO_x の量を測定することによって注入するアンモニアの量を制御することになる．実際にボイラのような固定発生源の多くはこのような，ほぼ理想的に化学反応させる技術によって NO_x 濃度を低減している．

世界中で最も石油を消費しているのは自動車である．自動車のエンジンの中の温度は 2000～3000℃ にもなり，また排出される NO_x 濃度も高く，排出時には数百～数千 ppm に達する．したがって，大気中の NO_x を低減させるため，自動車からの NO_x 排出規制は年々強化されてきており，1973 年当時に比べ規制値は 1/100 以下にまで厳しくなってきている．NO_x 低減技術の向上と規制強化により，大気中の NO_x の濃度は**図 2.2** に示すように年々低下する傾向になっ

ている．住宅地域等に設置している一般環境大気測定局（以下「一般局」）の測定では 0.013 ppm であるが，道路沿道に設置している自動車排出ガス測定局（以下，「自排局」）の測定では 0.024 ppm である（2009 年時点）．各種の大気汚染物質は表 1.4 のように環境基準に定められているが，現在の NO_x 濃度はこの基準に照らしても問題にしなくてよいレベルまでに改善されてきている．

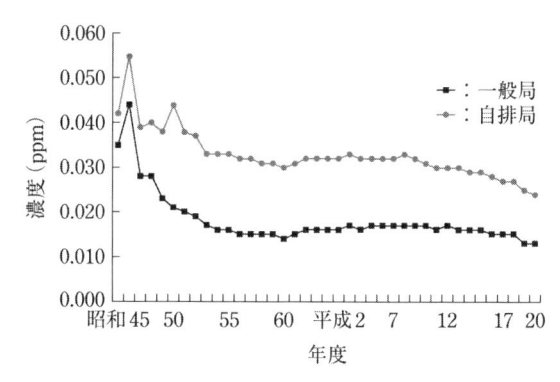

図 2.2　二酸化窒素濃度の年平均値の推移（昭和 45 年～平成 20 年度）（出典：平成 22 年度 環境白書）

固定発生源から排出される NO_x の化学的な処理方法にも未だ性能向上の課題は残されているが，今後重要視されるのは，次の二つの共通する課題である．その一つは「NO_x 処理コストの低減」である．例えば図 2.3 は NO_x 処理技術とその処理コストを試算したものであるが，NO_x を 85％処理するのにはいずれの方法でもほぼ 1 トン当たり 220 万円ほどが必要である．NO_x 低減をさらに推進するためには NO_x 処理コストを低減させるための技術開発が必要である．特にプラズマ処理法は高い除去率を得ることはできるが，高コストになるという欠点がある．コスト低減

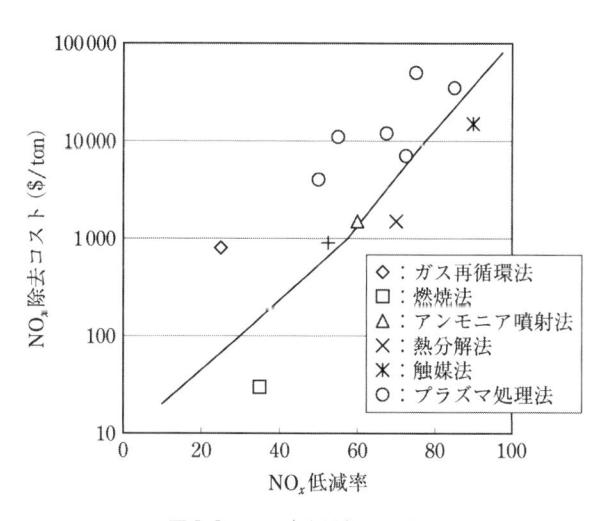

図 2.3　NO_x 除去技術に要するコスト

の課題は NO_x 除去効率を向上させる技術開発でもある．NO_x 低減でもう一つの課題は「NO の減少」と共に，「NO_2 などの副生物を作らない」技術開発である．燃焼排ガス処理には共通するこの二つの課題があるが，自動車などの移動発生源に適用するにはこの二つに加えてもう一つ大きな課題がある．それは自動車に搭載するため，リアクタの「小型コンパクト化」の問題である．固定発生源で使われている熱分解やアンモニア噴射法のような装置を車載用に小型化する研究も進められているものの，未だ十分ではない．これ等の問題を解決するための技術開発はわが国のみならず，世界が共通に期待している環境改善技術である．

　自動車の中でもガソリン車ではガソリンと空気の混合比を理論的な割合（理論空燃比）にしているので，排ガス中に酸素が含まれていない．このように，排ガス中に酸素を含まない場合は触媒（三元触媒）で NO_x を分解除去することができる．しかし，排ガス中に酸素が含まれる場合，この三元触媒は利用できない．

　三元触媒とは白金・パラジウム・ロジウムなどを主成分とした合金である．NO_x を除去する反応は次のように酸化と還元を同時に起こし，3 成分（NO_x, CO, CH）を同時に削減することができる．現在のガソリン車はすべてが三元触媒を使用しているといってよい．

$$2NO_x \rightarrow xO_2+N_2 \quad \text{還元反応}$$
$$2CO+O_2 \rightarrow 2CO_2 \quad \text{酸化反応}$$
$$4C_xH_y+(4x+y)\,O_2 \rightarrow 4xCO_2+2yH_2O \quad \text{酸化反応}$$

　そこで移動発生源で問題になるのは排ガス中に酸素が多く含まれている車，それはディーゼル車である．ディーゼル車はガソリン車より燃費が 30％も良く，エネルギー効率が高い．したがって，CO_2 の排出量がガソリン車より 22％も少なく，地球温暖化に対してはガソリン車より推奨できるといえる．そのため，EU では乗用車のうちディーゼル車の占める割合は 50％近くに達している．しかし，日本では粒子状物質（PM）や NO_x の排出が多いことから普及率は低い現状にある．日本が EU 並みには達しなくとも，自動車の 10％がディーゼル車になれば CO_2 の排出量は 320 万トン削減できることになる．

ディーゼル車は排ガス中に酸素が含まれているので，ガソリン車のように三元触媒が機能しない．ディーゼル排ガスのように酸素を含んだ排ガスでも有効に機能を果たし，除去速度の速い，コンパクトな NO_x 除去技術の開発が強く求められている．ディーゼル車の NO_x 低減に触媒とアンモニアを使って処理する研究も行われ，その技術も開発され始めている．この技術が本格的に実用化されるまでには少し時間がかかりそうであるが，楽しみではある．もう一つ，NO_x 除去が比較的容易にできる技術として放電プラズマおよび放電と光触媒を組み合わせたリアクタの研究開発が積極的に進められている．いろいろな NO_x 除去法の中で，プラズマ処理技術は比較的コンパクトな装置で機能させることができる．プラズマ処理は現在では処理コストはが高いが，小型軽量化に関しては他の方法に比べて比較にならない優位性がある．処理コストの課題は技術的に解決できる可能性があることから，国内外でも NO_x をはじめとして，VOC やダイオキシン等の大気汚染物質のプラズマ処理の研究が活発に行われている．特に，副生成物が少なく，高い除去効率の実現に向けた研究が活発に行われている．

放電プラズマによる NO_x 分解リアクタの概念図は図2.4に示すように，二重円筒状である．(a)はプラズマのみにより処理するリアクタ，(b)はプラズマと光触媒を併用して処理する，ハイブリッドのリアクタである．ハイブリッドシステムでは外側円筒電極の内面に光触媒〔二酸化チタン(TiO_2)など〕のシート

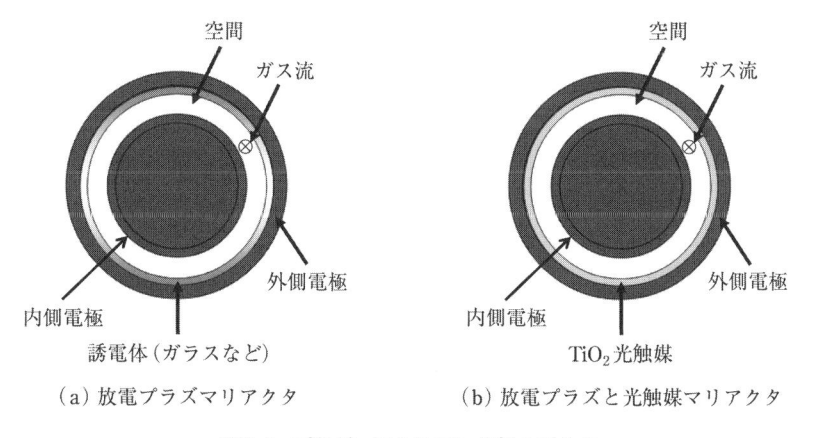

(a) 放電プラズマリアクタ   (b) 放電プラズと光触媒マリアクタ

図 2.4　プラズマによる NO_x 分解リアクタ

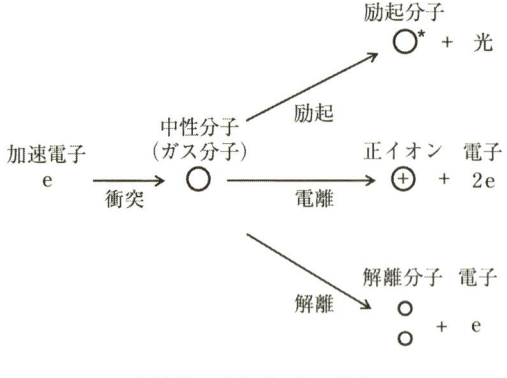

図 2.5 プラズマ内の現象

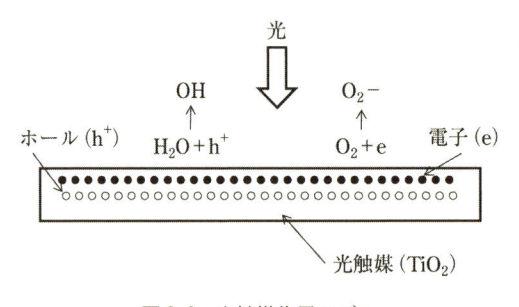

図 2.6 光触媒作用モデル

を貼り付けた構造となっている．内外両円筒の間隙に NO_x を含んだガスを通過させる．(a) のシステムでは内外両筒電極間に高電圧を加え，ガスの流通空間に放電プラズマを発生させる．プラズマ空間を通過したガス中の NO_x はプラズマ内の電子衝突によって，**図 2.5** に示すようなプロセスで分解して排出される．また，(b) のハイブリッドシステムでは放電空間の壁面に光触媒として TiO_2 を配置しているので，放電による分解プロセスに加えて，これと同時に**図 2.6** に示すように，放電光による触媒作用によって，触媒表面近くでも NO_x が分解される．

この場合に起こる光触媒作用は TiO_2 に太陽光などの紫外線を照射した際の，酸素 (O_2) の還元反応による酸化力の強いスーパーオキシド (O_2^-) の生成，水の酸化反応によるヒドロキシラジカル (OH) や過酸化水素 (H_2O_2) の生成による．ここで生成されるスーパーオキシドとヒドロキシラジカルの二つの生成物は強力な酸化能力を持っている化学物質である．そのため，光触媒は NO_x などの環境汚染物質を酸化除去することができ環境改善に大きく役立つプロセスである．一般に太陽光の下で光触媒作用を利用することは反応速度が遅いことが欠点ではある．しかし，広い面積で長時間かけて効果を期待する場合には適している方法であろう．

プラズマのみとプラズマと光触媒とのハイブリッドシステムによる NO_x 分解除去効率には大きな差があることは**図 2.7** で比較すると明らかである．プラ

ズマ中の電子衝突によっても NO_x は分解除去されるが，プラズマと光触媒を同時に作用させると，プラズマのみの場合より分解除去率が 20 ％以上も向上させることができている．この除去率の向上はプラズマによる分解と放電発光と光触媒による分解作用の二つの効果が加わったことによる相乗作用によって生まれたものである．このハイブリッ

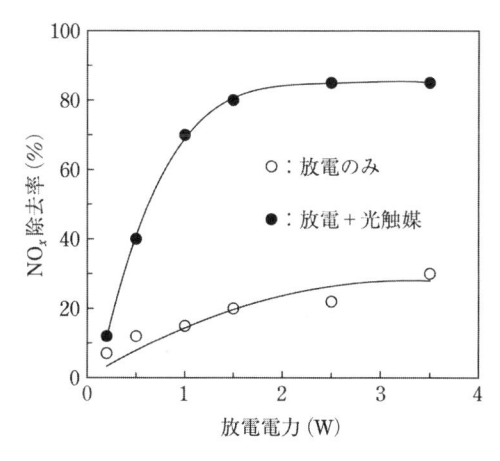

図 2.7 NO_x 除去率の比較

ドシステムの開発によって，NO の分解率を向上させ，分解のエネルギー効率も向上させており，それと同時に NO が分解しても NO_2 を発生しないという新たな特長を持った新リアクタの出現といってもよいであろう．光触媒はそれ単独でも排ガス浄化に有効である．例えば，図 2.8 は TiO_2 脱硝フィルタを使って沿道の空気中の NO_x を処理した結果を示したものである．測定期間は 2 ヶ月間である．NO_2 の除去率は，測定開始から測定終了までの間，ほぼ 50 ％以

上であり，2 ヶ月間の平均値は 75 ％であった．NO_x 除去率の 2 ヶ月間の平均値は 27 ％であった．いずれの除去率もばらつきが大きいが 2 ヶ月間で著しい除去率の低下は見られなかった．光触媒は低濃度の NO_x を広い面積で，長時間にわたって作用させて分解処理するのには非常に有効な方法

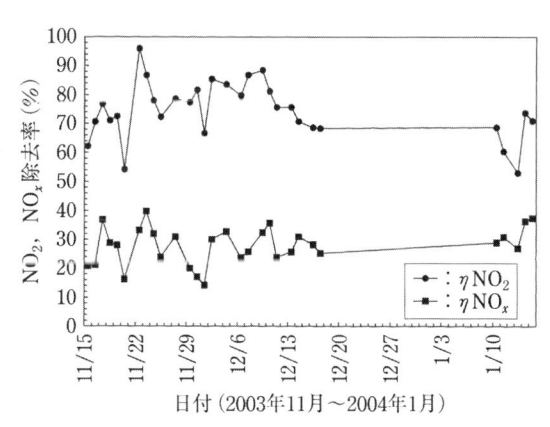

図 2.8 TiO_2 脱硝フィルタの性能の時間変化 (出典：垰田博史，光触媒応用製品の最新技術と市場，シーエムシー出版)

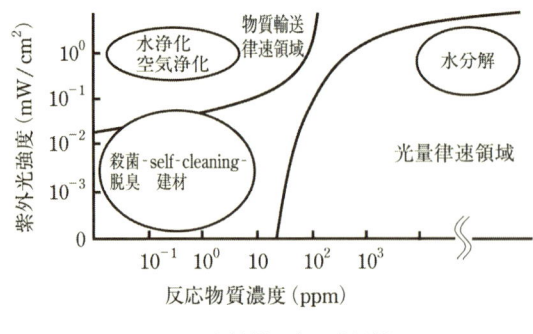

図2.9 光触媒反応の適用範囲

（図中ラベル：水浄化・空気浄化、物質輸送律速領域、水分解、殺菌-self-cleaning-脱臭 建材、光量律速領域、紫外光強度 (mW/cm^2)、反応物質濃度 (ppm)）

である．そのため，近年光触媒は多くの環境改善に利用され，図2.9に示すように，大気中のような比較的 NO_x 濃度の低い雰囲気で多く利用されている．一方，ここに示したプラズマと光触媒のハイブリッドのシステムは NO_x 濃度が高い場合にも処理量も多く，エネルギー効率も高く，処理速度も速い性能を持っている．したがって，NO_x 濃度の高い発生源でそれを低減するにはこのハイブリッドシステムは適しており，今後の実用化は期待できそうである．

実際にハイブリッドシステムで相乗効果が得られた原因は①プラズマ反応による除去，②放電光と光触媒による除去，③放電による光触媒の反応促進効果，の三つの除去作用が同時に行われることによってもたらされたものである．また，このハイブリッドシステムでは NO_2 の分解反応の促進に加えて装置のコンパクト化が行われる．したがって，ここに示されたプラズマと光触媒を併用したハイブリッドシステムはディーゼル車にも搭載できる NO_x 低減システムとしても適しているといえる．

固定発生源の代表として火力発電所の国別の SO_x および NOx の排出原単位の比較を図2.10に示す．日本は SO_x も NO_x も排出量原単位（発電量に対する発生ガス量）は少なく，他の先進国に対して日本の技術力の高さが明瞭に示されている．

大気中汚染物質は人体に対していろいろな悪影響を及ぼしているが，その一例として，図2.11に示すように喘息の発症率が NO_x の大気中濃度によって増加しているという医学的な報告がある．この喘息の発症は NO_x の人体への影響の一例を示したものであり，大気汚染物質量の増加と私たちの健康との関係がすべて明らかになっているわけではない．直接・間接にいかに悪影響を及ぼしているかは計り知れないものがある．

これまでは大気汚染物質を大気中に排出する段階までに除去する技術について述べてきた．しかし，実際には大気全体に拡散した汚染物質を分解除去技術によってクリーンにすることも必要なことであろう．ここに述べた技術は大気中に放出された物質に対しても適用できないわけではない．しかし，いったん大気に拡散した後では自然の浄化力の大きさから見れば，技術力による浄化能力はあまりにも微々たるものであることは明白である．いくら頑張っても技術力では無限ともいえる大気全体に拡散した汚染空気を浄化することは不可能であるといってもよい．発生源から大気に排出する段階で分解や低減する以外には有効な技術はない．

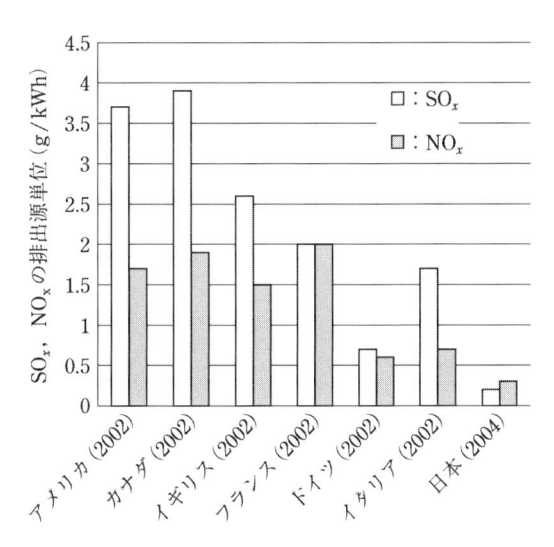

図 2.10　火力発電による SO_x，NO_xの排出源単位(出典：電気事業連合会，原子力・エネルギー図面集 2005‐2006)

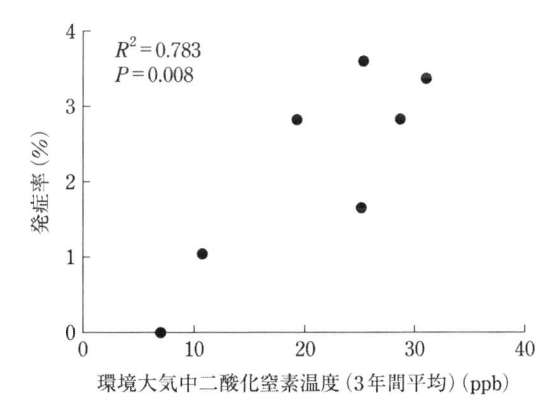

図 2.11　喘息発症率と NO_2 濃度(出典：山本英二，科学，Vol.75, No.5, 2005-5, p.604)

ここに示したように，大気環境汚染を改善するために移動発生源にも適用できる新しい大気の浄化技術が研究開発されてきており，これ等の新しい技術も実用化が視野に入ってきたといえる．日本は環境改善等の技術に関しては世界

に向けた開発拠点であり，今後援助技術に成長することが，最大の世界貢献にもなるであろう．

2.2 硫黄酸化物（SO_x）

大気中の硫黄酸化物（SO_x）の発生源には窒素酸化物（NO_x）と同様火力発電所や焼却炉のような固定発生源と自動車のような移動発生源がある．各種のボイラや燃焼炉から出る排ガス中に含まれる NO_x や SO_x などのガス成分の存在は目には見えない．しかし，排ガス中には NO_x や SO_x をはじめ環境汚染となっているガス成分が多量に含まれて排出されている．大気中に排出される SO_x の排出源を見ると図2.12に示すようにボイラが最も多く，次いでディーゼル機関が続いている．

燃焼炉からの排ガス中のガス状汚染物質の主体は NO_x と SO_x である．NO_x は大気中の成分である窒素と酸素から燃焼によって発生する．そのため，処理は燃焼後の排ガス処理が主体である．一方，SO_x は燃料中に含まれる硫黄成分によって発生する．そのため，燃料段階で処理するか燃焼後に排気段階で処理するかは除去技術とコストによって決まることになる．

原油は様々な沸点を持つ炭化水素を含む混合物である．製油所では原油から

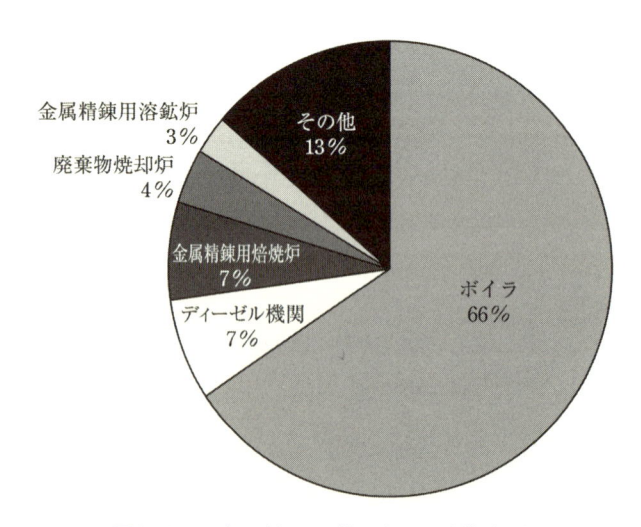

図2.12 固定発生源から排出される硫黄酸化物

各種の燃料に別けるために蒸留する．原油は加熱すると，沸点の低い成分から順次蒸発するので，蒸留装置で温度を段階的に上昇させ，沸点の差によって分離する．蒸発装置からは蒸発温度の低い方から，①液化石油ガス(LPG)⇒②ガソリン(ナフサ)⇒③(灯油)⇒④(軽油)⇒⑤(重油)の順番で排出されてくる．このようにして沸点によって成分を分離することができて，これがいわゆる原油の分留プロセスである．原油の中に含まれる硫黄成分は沸点が非常に高いので，沸点の低いナフサ等には多く含まれていない．このため，硫黄分を取り除くための，いわゆる脱硫はあまり必要ない．しかし，石油類の中で沸点が高く，高温で排出される軽油や重油の中には多量に硫黄分が含まれている．軽油には $1～2\%$ ($10^4～2\times10^4$ ppm)程度の硫黄分が含まれている．そのため，軽油や重油を使うディーゼル機器では燃焼後の排ガスの脱硫が必要となる．2004年以降は一般の石油類の硫黄成分濃度規定では100 ppm以下となっているが，レギュラーガソリンでは50 ppm以下とされている．現在の石油類の脱硫技術はその基準をはるかに越えており，ハイオクでは10 ppm程度にまで硫黄分は低減され，まさしくサルファーフリーと呼ばれる範囲になっている．

　蒸発温度が高い軽油や重油類から硫黄成分を除去するための技術はいろいろ提案されたが，現在は主に水素化脱硫法が適用されている．水素化脱硫法は原料油を水素と混合し，500℃位の高温にして触媒を充填した反応容器(脱硫塔)を通過させて反応させ，硫黄成分を硫化水素のガスとして放出される．その後硫化水素はアミン水溶液の中を通過させることによって単体の硫黄として除去することができる．

　ここで使われる触媒は水素化反応を促進させる役割であり，触媒の多くは6族のモリブテンやタングステンと8族のコバルトやニッケル等の化学的に活性な金属をアルミナ，シリカ，ゼオライト等の耐火性多孔質の金属で固めたものである．ここで用いる触媒を構成する材料の種類・混合比・結晶構造，温度や触媒とガスとの比表面積によって脱硫率が大きく変化する．水素化脱硫反応では石油類に含まれる硫黄成分と同時に窒素や酸素も反応によってアンモニアや水となり除去することができる．

　例えばチオフェンでは $C_4H_4S + 3H_2 \rightarrow H_2S + C_4H_8$ と反応して，結果として $S + H_2 \rightarrow H_2S$ の反応が起こり，硫化水素を発生することになる．

水素化脱硫反応によって軽油や重油からガス状で排出される硫化水素をアミン水溶液の中を通過させ，水溶液に吸収された硫黄を単体として取り出すことができる．このようにして軽油では 0.05 wt％や重油では 1.0〜2.5 wt％以下まで燃料段階で脱硫されているので，現在ではディーゼルエンジンの排ガス中の SO_x 濃度はあまり問題ではなくなった．それはこのような脱硫技術の向上と同時に各国も油中の硫黄分の濃度規制を 図 2.13 に示すように次第に厳しくしていることにもよっている．ガソリンはもちろんのこと，軽油も硫黄分はすでに 10 ppm 以下の状態に突入している．

一方，石炭燃焼炉の場合には固形の石炭の段階で脱硫することはできないので，排ガスとして脱硫を行う必要がある．排出された SO_x の除去技術には 表 2.3 に示すような種々の方法がある．湿式法によるプロセスの中では主にアルカリ性の水溶液中に SO_2 を含んだ排ガスを接触させて通過させ，SO_2 を水溶液中に溶解させる方法が最もよく使われている．また石灰吸着法では NO_x の場合の化学反応による除去ではなく，湿式も乾式の場合も吸着剤に吸着させる．吸着剤も多種類あり，多くは石灰が適用されている．この方法は石灰にガス状の SO_x を吸着させた後，これを酸化させて固形の石膏として回収することがで

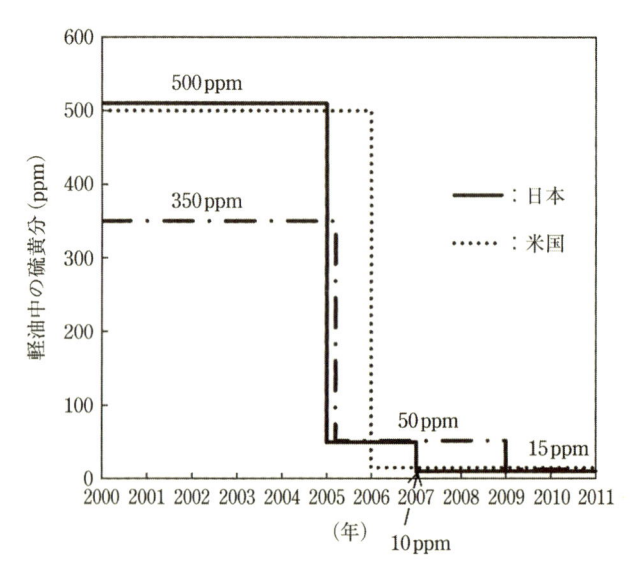

図 2.13　日米欧の軽油中の硫黄分規制値の推移

表 2.3 SO_x 低減方法

	処理法	吸収材	副製品
湿式	アルカリ法	亜硫酸ソーダ (Na_2SO_3)	濃硫酸, 硫黄
	アンモニア吸収法	亜硫酸 (($NH_4)_2SO_3$)	硫安, 石膏
	石灰吸収法	石灰 ($Ca(OH)_2$, $CaCO_3$)	石膏
	硫酸吸収法	希硫酸 (H_2SO_4)	石膏
	マグネシア法	マグネシア ($Mg(OH)_2$)	濃硫酸
乾式	活性炭	活性炭	硫酸, 石膏
	石灰石吹込法	石灰石粉	石膏
	酸化マンガン法	酸化マンガン粉末	硫安

きる.

燃料段階や脱硫燃焼後で排出時の脱硫を進めてきた結果, 日本における大気中硫黄酸化物の濃度は図 2.14 に示すように年々減少し, 各種の大気汚染物質の環境基準に照らしても

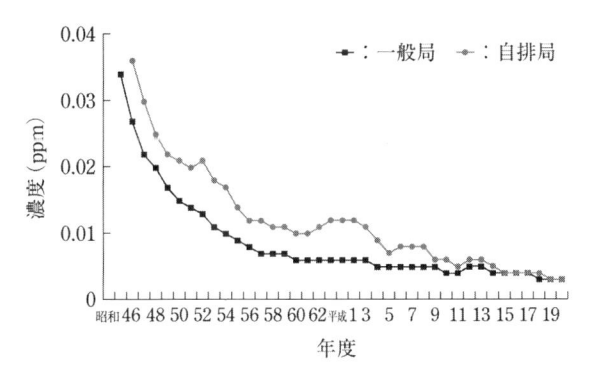

図 2.14 硫黄酸化物濃度の推移(出典:平成 22 年度環境白書)

問題にしなくてよいレベルまでに改善されてきている.

大規模な大気汚染の改善技術に対して, 小規模でもできる地道で, 特異な取組みとして土壌による浄化が試みられている. この浄化法は土壌中の微生物が大気の汚染物質を吸収して, 分解・浄化するというアイデアである. 交通量の多い交差点近くの沿道やトンネルの換気塔などからの汚染された排ガスをオゾン処理して, 送風機により土壌層に通気させる. 汚染物質は土壌の中を通過する間に吸着されたり, バクテリアなどの微生物の分解作用により浄化される. この場合に空気中に含まれている NO_x, SO_x や CO 等のガス状汚染物質と同様に浮遊粒子状物質(SPM)も低減できる. しかし, この土壌による浄化を可能にするためには広い土地と設備が必要になる. 実現すれば真の自然力による頼もしい手法といえる.

NO_x や SO_x の発生量を削減させる技術および燃焼のエネルギー効率向上技術

は日本は世界でも高いレベルである．このことは図2.10が端的に表しており，NO_xやSO_x排出原単位（発電電力当たりに発生したガス成分重量）の世界比較からも明瞭である．

2.3　VOCと悪臭・殺菌

　私たちの生活の中でにおいは，草花の香りなど気持に潤いを与えて，心を和ませてくれるものも多くあり，これ等は「香り」と呼んでいる．一方，家畜や人の排せつ物，有機物の腐敗臭等の不快感を与えるもの，すなわち悪臭物質も多くある．また工業用に各種溶剤として多く使われている化学物質も問題とされている．これ等の問題物質は大気汚染としても対応しなければならない物質である．

　生活環境の要素として，私たちにとって視覚，聴覚，触覚，味覚，臭覚の五感において，温度，湿度，音，振動の物理的要素は視覚，聴覚，触覚で感じることができる．これ等に対し空気の中の成分の化学的要素は味覚と臭覚で感じることができる．臭覚は特定の化学物質に対してのみ反応する．

　昭和46年に発足した悪臭防止法は生活環境を保全し，国民の健康保護を目的に制定された．その中では悪臭の定義は明瞭にはしていないが，「いやなにおい」「不快なにおい」を発する物質を「悪臭原因物質」としている．また，近年シックハウスなどの原因物質として問題となっている揮発性有機化合物（VOC：Volatile Organic Compounds）がある．VOCは常温で気化する有機化合物であり，その具体的な物質名はホルムアルデヒド，トルエン，キシレン，酢酸エチル等で，200種類もある．VOCは各種塗料の溶剤や洗浄剤などとして多くの用途に使われている．これ等の物質は有機化合物であり，人によって感度は違うが，実際にケミカルハラスメント（ケミハラ）として悩まされている人もいる．これらの化学物質も悪臭物質と同様な問題点を持っており，ここでは同類として扱うこととする．

　私たちの五感のうち視覚，聴覚，触覚は物理的現象として伝達された強さと種類を認識するが，味覚と臭覚は化学的成分の種類と濃度によって認識されている．臭気強度は人の感覚で定義されおり，表2.4に示すように定められている．したがって，臭気強度は臭気物質の化学成分の量的な濃度とは異なり，ア

2.3 VOCと悪臭・殺菌　53

表2.4　6段階臭気強度表示法

臭気強度	内容	アンモニアでの濃度(ppm)
0	無臭	0
1	やっと感知できるにおい(検知閾値*)	180
2	何のにおいかがわかる弱いにおい(認知閾値**)	600
3	楽に感知できるにおい	2000
4	強いにおい	9000
5	強烈なにおい	40000

＊：検知閾値：何かのにおいを感知できる最小濃度
＊＊：認知閾値：何のにおいか識別できる最小濃度

ンモニアの例で示すと図2.15に示すように，物質の濃度と人の感ずる臭気強度とは比例関係にはなく，対数的な関係にある．すなわち臭気物質の個数濃度 X と人間が感じ取る臭気強度 Y との間にはウェーバー・フェヒナーの法則として知られている次の関係がよく当てはまり，対数的関係にある．

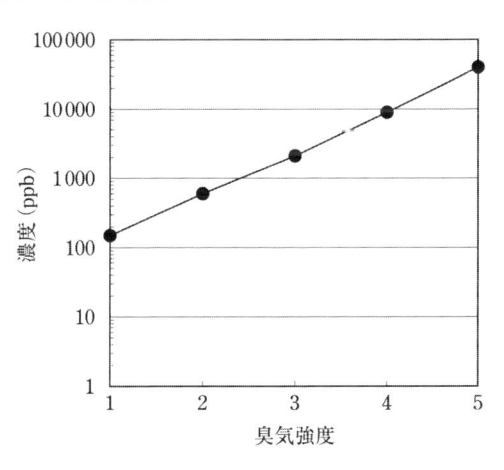

図2.15　臭気強度と濃度の関係(アンモニア)

$$Y = K \cdot \log X + a \quad (K と a は定数) \quad (2.1)$$

この関係は低濃度の範囲では濃度差が臭気強度として大きく現れるが，高濃度では臭気強度の差は少なく，人間の鼻では区別しにくくなることを示している．

このように臭気強度と物質の濃度が比例関係になく，人間の臭覚は犬の1/100の感度しかないといわれているが，濃度の低い範囲では感度が高い．高濃度では臭気感覚が麻痺状態となり鈍くなる．例えば，鼻の感度はアンモニアの濃度を5倍にしても人の臭気強度は2.5倍か，高くても3倍にしか感じられない．

身近な悪臭物質としてはアンモニア(し尿)，メチルアミン(糞)，硫化水素

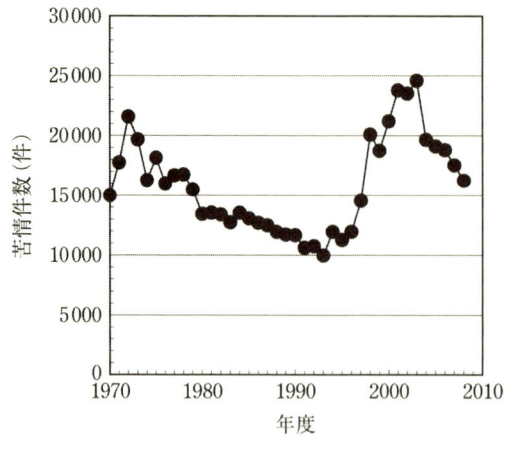

図 2.16 悪習に関する苦情件数の変化

(腐敗卵), アセトアルデヒド(汗), イソ吉草酸(むれた靴下)等であり, その他には硫化メチル(腐敗キャベツ), プロピオンサン(刺激的な酸っぱい), 薬品臭や VOC がある. 悪臭に関する苦情件数を**図 2.16**に示す. 昭和 47 年に悪臭防止法がスタートしたこともあって, それ以降は漸減してきた. 平成 5 年(1993年)ころから再び増加傾向に転じている. これは野焼きや飲食店などによるものが増加したことが大きな原因となっている. さらに焼却炉から排出されるダイオキシンが問題となったこともあり, 小型の焼却炉の使用を禁止したことも原因しているようである. 悪臭防止法で規制対象としている物質は**表 2.5**に示すような物質である. この中にはトルエンやキシレン等の VOC 物質も入っているが, これ等を含め VOC として問題となっている物質には**表 2.6**に示したような物質である. これ等の VOC は洗浄剤や塗装などとして多く使われており, 最も生活に身近なところに多量にあるために問題視されている.

悪臭や VOC 物質に対して悪臭防止法によって濃度制限がなされたことにより悪臭の低減化に向けて各所で取組みがなされた. その取組みにおいては, 排出源の抑制が最優先とされた. 塗料に使われている VOC を排出させない方法として, ①粉体状の塗料を空気で噴射すると同時に帯電させ電気的に付着させる, または, ②水性塗料で付着させた後加熱溶着する等の方法が提案され, 現在はこれらの新しい方法が使われ始めている.

発生した悪臭物質の各種除去技術を**表 2.7**に示す. 微生物などの自然力による方法が理想的であるが, 広大な面積と長期間を要するので, 大規模にこれを実施するのは難しい. しかし, 畜産用等の小規模分散型ではすでに実施されている例がある. 例えば, ヤシガラチップ混合物を数 10cm 充填し, それに水を

加え，悪臭空気を通過させることによって養豚舎から悪臭が除去(特にアンモニア)されている．VOC 物質も悪臭物質と同様な方法で除去できることが多い．

各種の悪臭除去法はあるが，技術的な処理プロセスは処理対象物質の種類や温度によって方法もその処理効果も異なる．また洗浄剤，吸着剤等も新しい高性能のものが提案されている．これ等の処理の中で理想的には生物処理，すな

表 2.5 法規制対象特定悪臭物質一覧

物質名	におい	主な発生源	規制濃度 (ppm)
アンモニア	し尿のようなにおい	畜産事業場，化製場，し尿処理場等	1
メチルメルカプタン	腐った玉ねぎのようなにおい	パルプ製造工場，化製場，し尿処理場等	0.002
硫化水素	腐った卵のようなにおい	畜産事業場，パルプ製造工場，し尿処理場等	0.02
硫化メチル	腐ったキャベツのようなにおい	パルプ製造工場，化製場，し尿処理場等	0.01
二硫化メチル	腐ったキャベツのようなにおい	パルプ製造工場，化製場，し尿処理場等	0.009
トリメチルアミン	腐った魚のようなにおい	畜産事業場，化製場，水産缶詰製造工場等	0.005
アセトアルデヒド	刺激的な青臭いにおい	化学工場，魚介腸骨処理場，たばこ製造工場等	0.05
プロピオンアルデヒド	刺激的な甘酸っぱい焦げたにおい	焼付塗装工程を有する事業場等	0.05
ノルマルブチルアルデヒド	刺激的な甘酸っぱい焦げたにおい	焼付塗装工程を有する事業場等	0.009
イソブチルアルデヒド	刺激的な甘酸っぱい焦げたにおい	焼付塗装工程を有する事業場等	0.02
ノルマルバレルアルデヒド	むせるような甘酸っぱい焦げたにおい	焼付塗装工程を有する事業場等	0.009
イソバレルアルデヒド	むせるような甘酸っぱい焦げたにおい	焼付塗装工程を有する事業場等	0.003
イソブタノール	刺激的な発酵したにおい	塗装工程を有する事業場等	0.9
酢酸エチル	刺激的なシンナーのようなにおい	塗装工程または印刷工程を有する事業場等	3
メチルイソブチルケトン	刺激的なシンナーのようなにおい	塗装工程または印刷工程を有する事業場等	1
トルエン	ガソリンのようなにおい	塗装工程または印刷工程を有する事業場等	10
スチレン	都市ガスのようなにおい	化学工場，FRP 製造工程等	0.4
キシレン	ガソリンのようなにおい	塗装工程または印刷工程を有する事業場等	1
プロピオン酸	刺激的な酸っぱいにおい	脂肪酸製造工場，染色工場等	0.03
ノルマル酪酸	汗臭いにおい	畜産事業場，化製場，デンプン工場等	0.001
ノルマル吉草酸	むれた靴下のようなにおい	畜産事業場，化製場，デンプン工場等	0.0009
イソ吉草酸	むれた靴下のようなにおい	畜産事業場，化製場，デンプン工場等	0.001

表 2.6 これまで策定した VOC 指針値等

揮発性有機化合物	室内濃度指針値	主な室内用途
ホルムアルデヒド	$100\mu g/m^3$ (0.08 ppm)	接着剤，防腐剤
トルエン	$260\mu g/m^3$ (0.07 ppm)	接着剤，塗料の溶剤，希釈剤
キシレン	$870\mu g/m^3$ (0.20 ppm)	接着剤，塗料の溶剤，希釈剤
パラジクロロベンゼン	$240\mu g/m^3$ (0.04 ppm)	防虫剤，芳香剤
エチルベンゼン	$3800\mu g/m^3$ (0.88 ppm)	接着剤，塗料の溶剤，希釈剤
スチレン	$220\mu g/m^3$ (0.05 ppm)	樹脂等高分子化合物の原料
クロルピリホス	$1\mu g/m^3$ (0.07 ppb) ＊	防蟻剤
フタル酸ジ-n-ブチル	$220\mu g/m^3$ (0.02 ppm)	塗料，顔料，接着剤
テトラデカン	$330\mu g/m^3$ (0.04 ppm)	塗料等の溶剤
フタル酸ジ-2-エチルヘキシル	$120\mu g/m^3$ (7.6 ppb)	可塑剤
ダイアジノン	$0.29\mu g/m^3$ (0.02 ppb)	殺虫剤
アセトアルデヒド	$48\mu g/m^3$ (0.03 ppm)	接着剤，防腐剤
フェノブカルブ	$33\mu g/m^3$ (3.8 ppb)	防蟻剤

＊：小児の場合は $0.1\mu g/m^3$ (0.007 ppb)

表 2.7 悪臭物質・VOC 除去技術

除去技術	技術の概要
直接燃焼	800℃以上の高温で酸化分解
触媒酸化	触媒と高温(200〜400℃)で分解
吸着	活性炭，ゼオライト等の吸着剤により吸着
凝縮	温度を下げ凝縮して回収除去
生物	微生物により臭気成分を分解除去
湿式洗浄	水溶性臭気を水や薬液で除去
光触媒	TiO_2 等の光触媒と光により酸化分解
プラズマとオゾン	高電圧放電プラズマとオゾンによる酸化分解
消・脱臭剤	化学的に反応させる

表 2.8 主な揮発性有機化合物の燃焼法

揮発性有機化合物	直接燃焼温度	触媒酸化温度
ベンゼン	530℃	300℃
トルエン	580℃	270℃
キシレン	530℃	280℃
メチルエチルケトン	550℃	240℃
ホルムアルデヒド	430℃	190℃

わちバイオ技術などを利用した生物脱臭法が最も自然の力による方法であり望ましい．しかし，バイオ的な処理方法は量的に処理能力が追従できない場合が多い．したがって，バイオ的処理でなく，完全に化学的な処理が必要となるのが現状である．これ等の多くの除去法の中で直接燃焼法では表 2.8 に示すような種々の VOC や臭気物質を 400℃以上(触媒を併用すると 200℃)の温度にすることで，次のような反応によって燃焼し分解する．

炭化水素類では　　$C_mH_{2n} + (m+n/2)\,O_2 \rightarrow mCO_2 + nH_2O$
アルコール類では　$C_mH_{2m+1}OH + (3m/2+1)\,O_2 \rightarrow m(CO_2) + (m+1)H_2O$
アンモニア類では　$NH_3 + 3/4\,O_2 \rightarrow 3/2H_2O + 1/2N_2$

これ等の燃焼反応は何れも高温による酸化作用により二酸化炭素(CO_2)，水(H_2O)や窒素(N_2)を生成する反応であり，全く臭気のない，無害のガス状物質への転換である．この燃焼法は，エネルギー効率は決して高くはないが，技術的には比較的簡単であることもあり，今では信頼できる除去法として多く採用されている．これに対して触媒酸化法は，直接燃焼法と全く同じ反応プロセスであるが，燃焼炉中に触媒を用いることによって低温で高温時と同じ燃焼反応を起こさせることができる．ランニングコストが直接燃焼法より安くできるメリットがある．

一方，未だ研究段階にあるが，比較的新しい脱臭法であり，今後の技術的発展が大いに期待されるプラズマ・オゾン法について少し説明することにする．直接燃焼法もプラズマ・オゾン法も反応プロセスは同じであり，対象の悪臭物質を放電によって低温で酸化させる方法である．

プラズマ・オゾン法では，プラズマの中に除去物質と空気を混合して酸化反応を起こすか，プラズマで酸化力の強いオゾン(O_3)を作り，その後にオゾンと臭気物質を混合して酸化反応を起こさせるかのいずれかで処理する．プラズマによる分解プロセスはNO_xの分解除去の方法と同様であり，図2.5に示すようなプロセスで処理する．オゾン処理に使用するオゾンの発生法を簡単に示すと，図2.17のとおりである．高電圧によって発生した放電空間では酸素分了(O_2)に電子が衝突することにより図2.18のようなプロセスでオゾンが生成される．酸化力の強いオゾンとVOCや悪臭物質とを混合させて，上記の化学反応式のように酸化して最終的には無臭物質にまで化学変化を起こさせる．オゾンは化学物質の中でフッ素に次いで酸化力が強いガスであるため，悪臭物質を強力に酸化する．その上，オゾンは過剰に混合しても自己分解

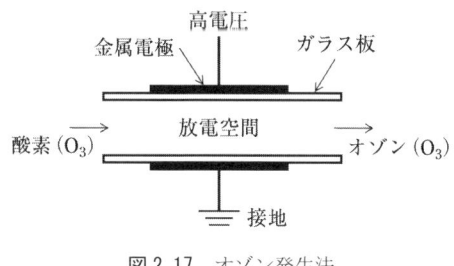

図2.17　オゾン発生法

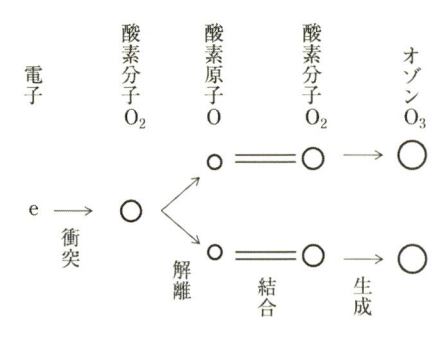

図 2.18　オゾン生成プロセス

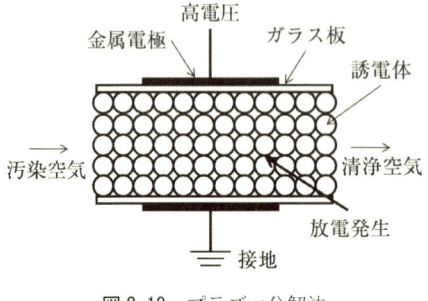

図 2.19　プラズマ分解法

して酸素分子になるので，過剰供給による害が全くないという，他の処理法にはない優れた特徴をもつ．オゾンによる酸化作用を促進するため，酸化反応場に紫外線を照射する方法(促進酸化法)も利用され始めてきている．

また，プラズマ法はオゾン脱臭とも関連する方法であり，図 2.19 のように，電極間に強誘電体球(ペレット)を入れ，高電圧を加え空隙で放電を発生させ，臭気物質(アンモニア)を含んだ気体を流す．この中で起こる臭気物質の分解は図 2.20 に示すように，(a), (b), (c)の三つのプロセスで行われる．ここで(c)はオゾンによる分解も同時に行われていることを示している．分解効率を向上させるため，最近では電極間に光触媒のペレットを入れる研究も進められている．

もう一つ述べておかなければならない脱臭や VOC 除去法は光触媒物質であろう．その光触媒の代表はなんと言ってもアナターゼ型と呼ばれる二酸化チタン(TiO_2)である．近年は TiO_2 の他にも多くの光触媒が開発され，各種の分野に利用されるようになっている．酸化チタンの表面において起こる酸化プロセスを図 2.21 に示す．それは基板上に酸化チタンの粉末をバインダで固定する．光触媒に紫外線(波長 388 nm 以下)が照射されると表面に吸着していたり，表面近傍に存在する水分等を酸化して酸化力の強いヒドロキシラジカル(・OH)やスーパーオキサイドアニオン($\cdot O_2^-$)等の活性種(ラジカル)を生成する．臭気物質や VOC はこれ等の酸化力の強いラジカルによって酸化分解され，無害無臭物質に変化する．

太陽光を利用して光触媒で脱臭する場合には全く処理コストはかからないこ

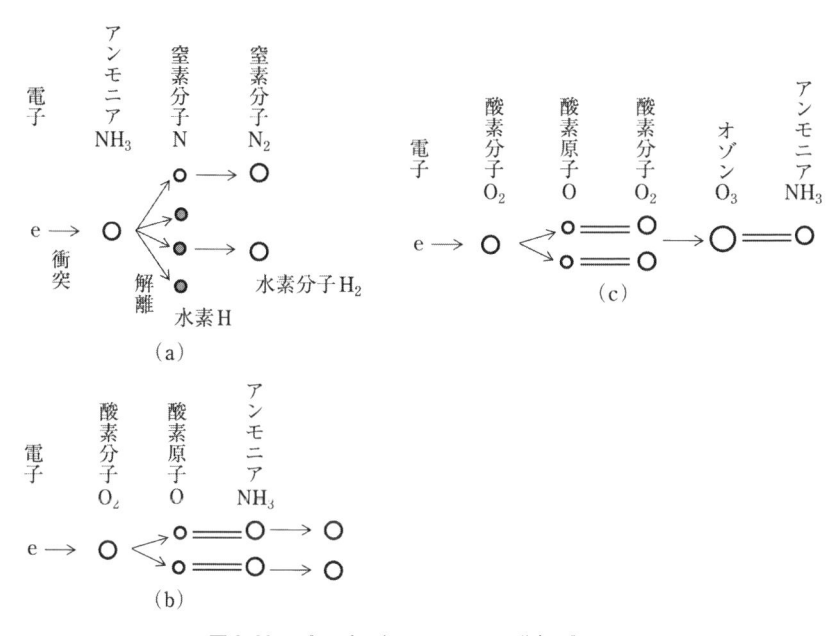

図 2.20 プラズマ中のアンモニア分解プロセス

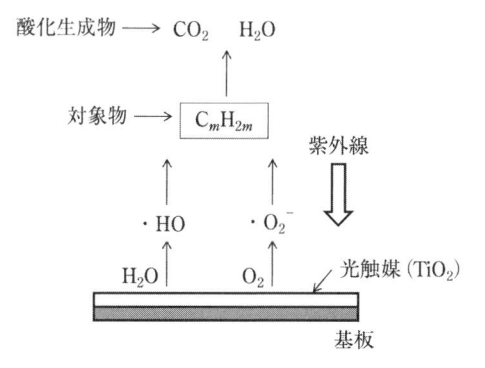

図 2.21 光触媒による有機物質の酸化分解プロセス

とになるが，比較的処理速度が遅い難点がある．しかし，屋外では運転コストは全くかからず，長時間稼動できることは大きなメリットであり，脱臭のみならず多くの環境改善の技術として応用されている．室内では紫外線の光源にブラックライト（紫外線を発光するランプ）を使う場合もあるが，今後の研究開発により TiO_2 などの光触媒がさらに安価で，高効率になれば室内用にもさらに多く利用されるようになるであろう．

もう一つ，大気中の殺菌について記述するが，殺菌と同類の用語に消毒，除菌，滅菌，抗菌等がある．これ等の詳細な区別はせず，ここでは菌を殺す方法や強さにだけ注目ことにする．殺菌に関しては加熱や冷却などの物理的な手法

や薬剤によるものもいろいろ存在する．しかし，これ等の旧来の方法についてここでは対象にせず，技術的な手法をターゲットに述べることにしよう．特殊な大気汚染物質は別として，大気中の細菌や病原菌が多量にならないで，比較的クリーンに保たれているのは，そのルーツが太陽から降り注がれている紫外線(Ultra Violet Ray : UV)によっていることが予想できる筈である．

太陽光の中でも波長の短い，波長100～400nm範囲のUV(254nmが最も効果的)が殺菌に有効にはたらく．波長254nm近辺の紫外線は殺菌効果がピークになるが，この波長はオゾンの分解がピークになる波長とほぼ一致する．UVによるオゾンの生成と分解は次の反応式で起こる．

$O_2 + UV(185nm) \rightarrow O + O$

$O_2 + O \rightarrow O_3$

$O_3 + UV(254nm) \rightarrow O_2 + O$

すなわち，UVには直接の殺菌作用もあるが，紫外線によって作られたO_3やOによる殺菌作用が加わっているといえる．

UVは日焼けをもたらすことで知られている波長領域の光である．UVは目には見えないがエネルギーが高く，様々な化学反応を起こす能力を持っている．したがって，遺伝子の配置を狂わせ，細胞の新陳代謝を妨げ，結果的に微生物を殺すことになるのである．この様な効果を発揮するUV波長のピーク値が254nmなのである．紫外線による殺菌効果は表2.9に示すように，薬品などのように生成物や残留性もなく，極めてクリーンな殺菌作用の役割を果たす．紫外線の発生には紫外線ランプが市販もされているので，これ以上深入りはしない．

このように大気中で紫外線を点灯すれば紫外線自身の持つ殺菌作用と同時に，UVはオゾンも発生させる．副次的に発生するオゾンによる殺菌も加わって，

表2.9 紫外線殺菌の長所・短所

長所	短所
1. 菌に耐抗性をつくらない	1. 残留効果がない
2. 対象物にほとんど変化を与えない	2. 効果が表面に限られる
3. 管理が容易で，自動運転に適する	3. 遮蔽物があると効果がない
4. 処理時間がきわめて短い	
5. 残留しない	

殺菌効果を促進している．オゾンは気体状態でも有効な殺菌剤であるが，水中でバブリングしてオゾン水としても強力な殺菌効果を示す．オゾンによる殺菌は先に示した VOC や脱臭効果と同様に極めて強い酸化力があるので，相互に有効に役立っている．このように UV もオゾンも大気中では殺菌力が強いと同時に，何れも水中での殺菌に対しても有効な手段である．高濃度のオゾンは呼吸器に心配であるが，0.1 ppm 以下なら心配なく，一般に市販されているオゾン発生器はこれを上回る濃度にならないよう設計されている．

2.4　浮遊粒子状物質（SPM）

大気汚染物質には，NO_x や SO_x 等のガス状物質のほかに浮遊粒子状物質がある．浮遊粒子状物質の発生源は主に図 2.22 のように，自然発生源と人為発生源に分けられる．自然発生源は，火山活動，森林火災，海塩や砂塵の飛散などがある．毎年 3 月～4 月にかけて日本にも影響を与えている黄砂は，多くの人が経験しているだろう．黄砂は中国の砂漠の砂塵が巻き上げられ，季節風によって中国全土や日本に到来する．人為発生源は，さらに固定発生源と移動発生源に分けられる．固定発生源には火力発電所，製鉄所やごみ焼却場があり，移

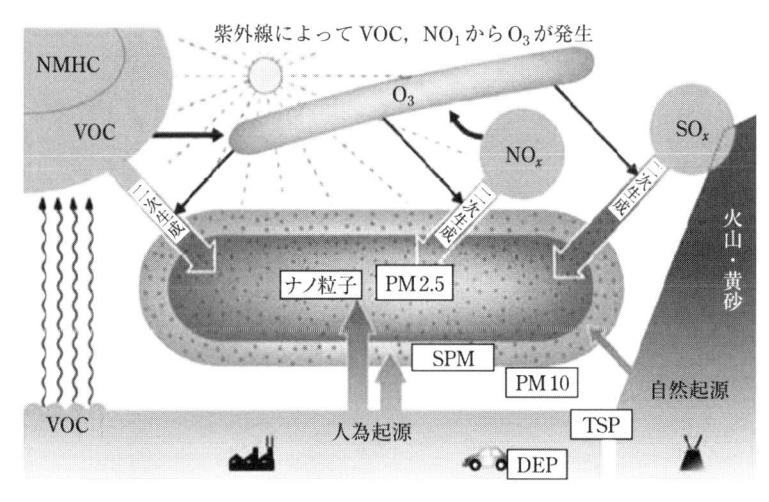

図 2.22　浮遊粒子状物質の発生源（出典：環境省，微小粒子状物質健康影響評価検討会　報告書，平成 20 年 4 月）

動発生源には自動車や船舶などが代表例である.

今では鉄道網の車両のほとんどは電車であるが,科学技術の発達の初期段階,産業革命当時では,移動手段の主体は石炭焚きの蒸気機関車であり,機関車が多量の黒煙を排出しながら走っていた.そのころは,自動車の数が少なく,機関車から発する汽笛と共に吐き出される煙が移動発生源の王様と言ってもよかった.しかし,発生量的には多くなく,大気の環境汚染は軽微であり,自然現象によって浄化される範囲内であったので,あまり問題視されなかった.しかも,火力発電所や工場等の煙突から真黒い煙がもくもくと勢いよく立ち上る光景は,それを見る者にとって活気を強く感じさせる象徴的な,また奨励すべき光景であった.

発生源で直接作られ排出される粒子を一次粒子と呼ぶ.ディーゼル機関であれば,燃料の不完全燃焼によって粒子として発生するすす,未燃燃料や潤滑油である SOF などがある.これに対して,ディーゼル機関から排出されるガス状物質が大気中で粒子化したものを二次生成粒子と呼び,光化学スモッグが代表的である.

2.4.1 浮遊粒子状物質の性状と健康影響

さまざまな発生源から排出された粒子状物質は,私たちがほとんど無意識に吸っている空気中に浮遊し,常に体内に取り込まれている.大気中の浮遊粒子状物質の濃度の表し方はいろいろあるが,個数や質量で表すのが理解しやすく,よく用いられている.また,浮遊粒子状物質は,ほとんどの場合様々な大きさの粒子が混在している.球形の粒子であれば,一つ一つの粒子の大きさはその直径で表すのが一般的であり,これを粒径と呼ぶ.また,粒径ごとの個数濃度や質量濃度を表した図を粒径分布と呼び,浮遊粒子状物質の性状を理解するのに大変便利である.性状として,このほか成分などが重要である.

浮遊粒子の粒径分布を図 2.23 に示す.大気中に浮遊する SPM は粒径が広範囲に分散している.粒子個数分布のピークは粒径 10 nm の大きさのナノ粒子の領域に集中しており,粒径が 30 nm 以上の大きな粒子は非常に数が少ない.しかし,質量分布では粒子数の少ない粒径 300 nm 近辺にピークを持つ分布となっている.すなわち,粒子の数では 10 nm,粒子の重量では 300 nm にピーク

ある．これは，粒径 d [m]の粒子の質量濃度 M_d [kg/m³]は次式で表され，粒径 d の 3 乗に比例して粒子の質量は大きくなるためである．浮遊粒子の粒径分布を調べたりする場合，個数，質量または表面積などなにを対象としているのか十分に注意する必要がある．

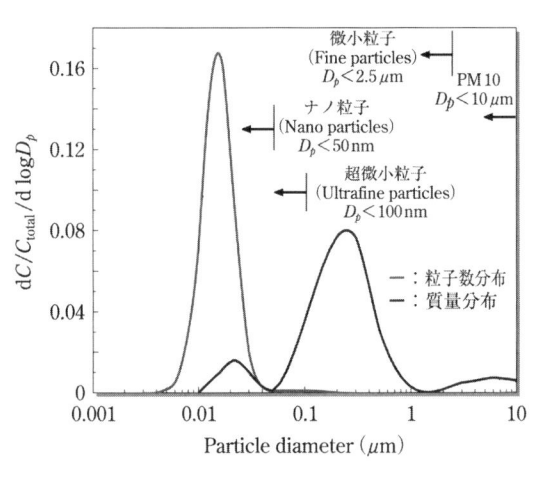

図 2.23 浮遊粒子の粒径分布

$$M_d = \frac{1}{6} \pi d^3 n_d \tag{2.2}$$

ただし，n_d は粒径 d の粒子の個数濃度[個/m³]である．

排ガス中の SPM は集塵技術の向上によって質量的には除去されている．しかし，超微小粒子も含めた個数濃度[個/m³]ではまだ十分に除去されているとはいえない場合もある．ここで，「nm(ナノメートル)」は 1m の 10 億分の 1(1mm の 100 万分の 1)の大きさであり，もはや人間の目で見ることはできない．浮遊粒子の成分は，SiO_2(砂塵)，炭素，有機性炭素などが多く含まれている．

ディーゼル排ガス中に含まれる粒子(Diesel Exhaust Particles : DEP)の個数粒径分布は，粒径 50〜100 nm にピークがあり，非常に小さな粒子で構成されている．DEP の電子顕微鏡写真を図2.24 示す．DEP は粒径 20〜50 nm の粒子が凝集しており，この凝集粒子は球形ではない．DEP の成分は炭素を主体としている．

浮遊粒子は様々な粒径粒子が混在しているため，図 2.23 に示すように粒子の大きさごとに区別して表現している．様々な発生源から排出された粒子のうち，粒径 10 μm 以上の粒子は重力によって地表に沈降しやすい．一方，粒径 10 μm 以下の粒子は，長期間にわたって大気中に滞留する．このため，粒径 10 μm 以上の粒子を降下煤塵，粒径 10 μm 以下の粒子を浮遊粒子状物質

(Suspended Particulate Matter : SPM)と呼び，SPMは粒径 10 μm 以下のすべての粒子を指す．さらに，分野によって若干呼び名が異なる場合があるが，粒径 2 μm 以上を粗大粒子，粒径 0.1～1 μm をサブミクロン粒子，0.1 μm 以下を超微粒子，粒径 0.05 μm（50 nm）以下をナノ粒子と呼

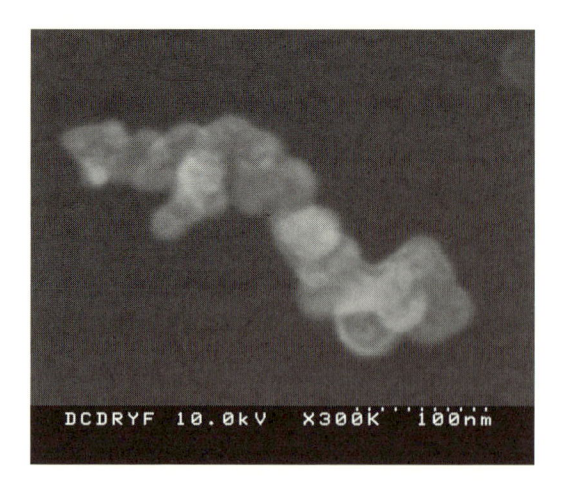

図 2.24 ディーゼル排ガス中微粒子の電子顕微鏡写真

ぶ．また，PM 10 は，粒径 10 μm の粒子を 50% カットできる分級器で分級した際の 10 μm 以下のすべての粒子を指し，SPM とは定義が異なる．PM 2.5，PM 1.0，PM 0.1 は分級する粒径をそれぞれ 2.5，1.0，0.1 μm としたものである．

ひとことで浮遊粒子といっても，様々な大きさの粒子の混合であり，粒径や成分は発生源によって異なっている．また，固体粒子の場合，そのほとんどは粒子同士の凝集体であり球形ではないことを認識しておく必要がある．

浮遊粒子状物質は長期間大気中に浮遊し，われわれの呼吸によって体内に取り込まれ，喉，気管支，肺胞へ沈着し，健康に影響を与える．したがって，SPM の存在は大気環境的には除去しなければならない大きな問題物質である．粒径ごとの人体における沈着部位を図 2.25 に示す．粒径が小さいほど肺の奥底へ侵入する．特に，粒径 0.1 μm 以下の超微粒子は肺胞にまで到達し，肺胞から血流に取込まれ，各臓器へ転移する．超微粒子は，我々の血流に流れ込むことから，呼吸器系のみならず，発がんや自閉症などの原因になるといわれている．また，同じ質量粒子濃度でも粒径が小さいほど，粒子の表面積が大きくなり，粒子表面に付着する有害物質の量が増加する．超微粒子が人体に侵入することも我々の健康に有害であるが，表面に付着した重金属などの有害物質が特に危険であるといわれている．

以上のように健康への影響は粒子の大きさによってだいぶ異なる．PM 10 よ

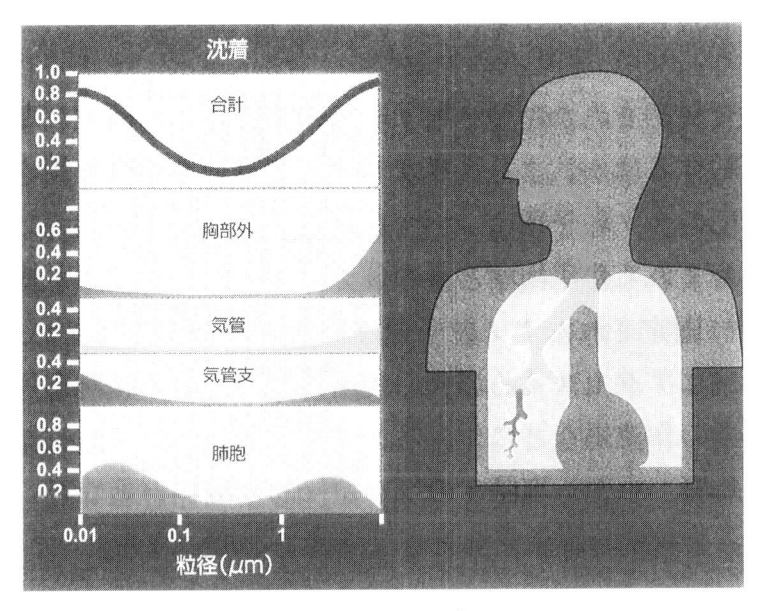

図2.25 粒径ごとの人体に対する沈着部位（出典：ICRP Publication 66, Human respiratory tract model for radiological protection. A report of a Task Group of the International Commission on Radiological Protection. Ann. ICRP 1994, 24, pp.1-482.）

り PM 2.5，PM 2.5 より PM 1.0 の方が健康への影響が大きいと考えられ，多くの研究者によってその実態が調査されている．

2.4.2　浮遊粒子状物質の規制

浮遊粒子状物質は我々の健康を損なう恐れがあるため，図2.26 のように規

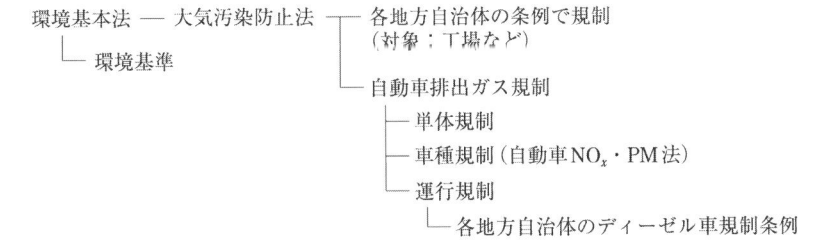

図2.26　浮遊粒子に対する規制

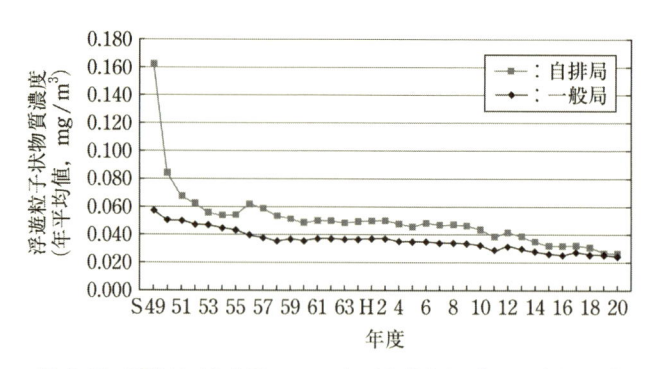

図 2.27 浮遊粒子状物質(SPM)の年平均推移(出典：環境省 平成22年度環境白書)

制が設けられている．日本の法律では，環境基本法によって環境基準が設定されている．SPMの環境基準は「1時間値の1日平均値が $0.10\,\mathrm{mg/m^3}$ 以下であり，かつ，1時間値が $0.20\,\mathrm{mg/m^3}$ 以下であること」としている．実際の測定結果では図 2.27 に示すように，年々環境基準以下にまで改善されてきている．近年では車の交通量の多い所(自排局)418箇所の平均で $0.03\,\mathrm{mg/m^3}$ になっている．しかし，418箇所の環境基準($0.2\,\mathrm{mg/m^3}$)達成率は92.8％であり，基準に達していない所が未だ20箇所もある．

PM2.5 など微小粒子が健康へ与える影響が懸念されて久しいが，2009年9月9日に環境省から「微小粒子状物質に係る環境基準について」が告示された．これによると，微小粒子状物質(PM2.5)の環境基準は，「1年平均値が $15\,\mu\mathrm{g/m^3}$ 以下であり，かつ，1日平均値が $35\,\mu\mathrm{g/m^3}$ 以下であること」とされている．環境基準は，「人の健康を保護する上で維持されることが望ましい基準」とされている．よって，行政上の目標値であり，これを満足しなくても罰せられることはない．一方，大気汚染防止法では，大気環境基準を達成するため各工場や発電設備などから排出する SPM 濃度を都道府県条例で規制できるように定めている．例えば，焼却能力の大きな廃棄物焼却炉における東京都の排出基準は，$0.04\,\mathrm{g/m^3}$ 以下である．排出基準は全国一律ではないため，詳細については各地方自治体のホームページなどで調べる必要ある．大気汚染防止法では，自動車排出ガス規制も定めている．この規制はさらに，単体規制，車種規制，運行規制に分けられる．単体規制は新車に対する規制であり，排ガス中の

粒子濃度が基準を満足しない場合，新車登録ができない．車種規制とは，自動車 NO_x・PM 法がこれにあたる．すでに使用されている車（中古販売車も含む）に対する規制であり，基準を満足しない場合に新規登録，移転登録や継続登録ができない．運行規制とは，各地方自治体のディーゼル車規制条例のことである．排ガス中の粒子濃度などが基準を満足しない場合，その運行を制限できる．ディーゼル自動車規制条例は，東京都，神奈川県，埼玉県，千葉県，大阪府，兵庫県が定めている．また尾瀬，乗鞍スカイライン，富士山および上高地では自然保護のためにマイカー規制が定められており，これも運行規制の一つである．

作業場や室内に対する基準も設定されている．「労働安全衛生法（第 65 条）」では「作業環境評価基準」を定め，作業環境における粉塵の管理濃度を定めている．同法では「事務所衛生基準規則」で事務所における浮遊粉塵量を $0.15\,\mathrm{mg/m^3}$ 以下とも定めている．また「建築物における衛生的環境の確保に関する法律」でも「建築物環境衛生管理基準」を定め，興行場，百貨店，店舗，事務所，学校，共同住宅などの浮遊粒子の量は，$0.15\,\mathrm{mg/m^3}$ 以下としている．

2.4.3 電気集塵装置（EP）の歴史

粒子状物質は，目に見える大きさからもはや目では見ることのできないものまで空気中に漂い，私たちの健康に影響を与える．このため，浮遊粒子状物質を空気中から除去するさまざまな集塵方式が考えだされている．集塵装置の種類を図 2.28 に示す．集塵方式には，重力集塵，サイクロン集塵，スクラバ

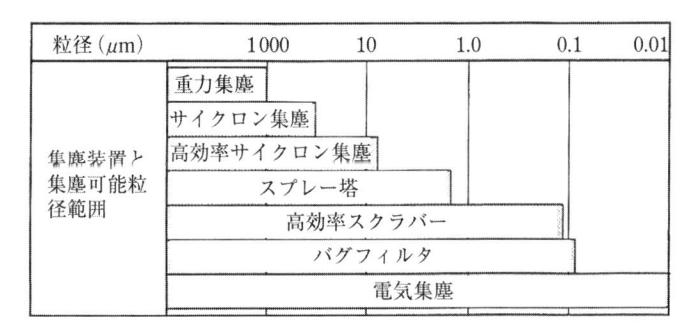

図 2.28 集塵装置の種類と集塵可能粒径範囲（出典：K. R. Paker, Applied Electrostatic Precipitation）

一，スプレー塔，フィルタや電気集塵などがある．電気集塵装置(Electrostatic Precipitator：EP)は日本における煙害問題の始まりといえる足尾銅山の公害対策で利用が始まり，いまなお集塵方式の主流となっている．

日本における煙害問題の始まりは足尾銅山による公害といえるだろう．1907年 Cottrell が電気集塵装置を実用化したころ，明治の殖産興業による産業の活性化は周辺環境へ煤塵や有害ガスを飛散し公害をもたらした．そのような背景の下，1915 年(大正 4 年)，久原鉱業日立鉱山と住友金属鉱山四坂島で日本発の EP の実験を行った．しかし，直流高圧電源装置および絶縁不良のため失敗している．

1916 年(大正 5 年)，非鉄金属鉱業 8 社(三菱，三井，住友，久原，古河，藤田，田中鉱山，田中鉱業)が煙害問題解決のため，金属鉱業研究所を設立する．古河鉱業株式会社は International Precipitation Co. から EP の試験機を借用し，足尾銅山の精錬所で日本で初めて実験に成功した．足尾銅山からの排ガスを浄化するため，当時の技術者たちはいち早く EP の研究を始め成功に結び付けた．この成功は，日本初の壮挙であり，当時としては画期的な技術革新努力であったことは間違いない．この時の EP が日本における第 1 号機となった．

1917 年(大正 6 年)浅野セメントがウエスタン社から EP を購入し操業を開始．

1921 年(大正 10 年)金属鉱業研究所がアメリカから EP の特許権を取得(1926年，正 15 年に期限切れとなる)し，コットレル組合を設立する．この組合は，広い分野の工業用 EP を納め，後に現在のコットレル工業に発展する．

1923 年(大正 12 年)頃から非鉄金属精錬用 EP における高抵抗ダスト集塵の安定化が課題となる．足尾銅山では処理ガス中に水分を噴射蒸発させることでこの課題の解決にも成功している．この成功によって，非鉄金属鉱業各社やセメント製造会社の排ガス対策として EP が使われるようになった．この年，EP の発明者である F. G. Cottrell が来日し，足尾銅山を見学している．

EP の発展において，高圧発生装置の位置づけは極めて重要であった．このことは，上述した 1915 年の実験失敗が高圧発生装置に起因していることからも予想できる．公害問題の改善のため高圧発生装置の開発に尽力した富士電機製造株式会社などが果たした功績は大きい．戦前の昭和初めころ，EP の直流高圧電源は機械式整流器が利用されていた．

1954年(昭和29年)高電圧セレン整流器の量産に成功し，その特徴を生かして1956年，従来の2/3に縮小した硫酸用EPを実現している．その後も可飽和リアクトルとコンデンサを組み合わせる技術開発を行われ，硫酸用小型EPから火力発電用大型EPに採用された(1960年，昭和35年ころ)．

現在では，都市ごみ焼却炉，各種焼却炉，製鉄産業用，非鉄金属精錬用，セメント窯業アルミ用，石油電力産業用，自動車道路トンネル用，ビル空調用，地下鉄用や家庭用まで電気集塵装置は我々の空気環境を守り続けている．

2.4.4 電気集塵装置(EP)の原理

EPの模式を図2.29に示す．一般にEPには一段式と二段式があり，図には二段式を示した．二段式EPは浮遊粒子を帯電させる帯電部と，帯電した粒子を集塵する集塵部で構成されている．帯電部は金属平板電極と金属線電極(または突起状でもよい)で構成されている．集塵部は平行平板電極構造となっており，処理したいガスは，帯電部と集塵部の電極間を通過する．一段式EPは図2.29に示した帯電部のみで構成されたものをいい，集塵原理は同じである．自動車道路トンネル用EPの外観写真を図2.30に示す．トンネル用EPには省スペースで大風量が求められるため，二段式EPが採用されている．

コロナ放電による粒子の帯電機構は，おもにイオンの熱運動に基づく拡散帯

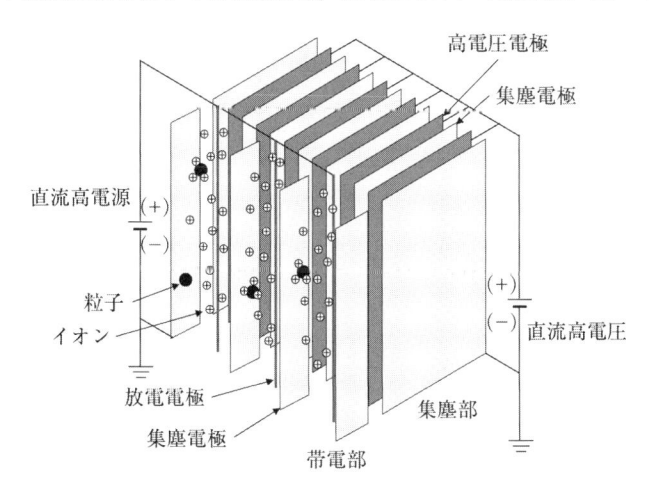

図2.29 電気集塵装置の概略(出典：三坂俊明，私信)

図 2.30 道路トンネル用電気集塵装置の外観(提供:富士電機株式会社)

電とイオンの衝突による電界帯電に分けられる.粒子の帯電量は拡散帯電量と電界帯電量の和として(2.3)式で表され,拡散帯電量は(2.4)〜(2.6)式,電界帯電量は(2.7)〜(2.9)式で表される.

$$q = q_d + q_f \tag{2.3}$$

$$q_d = q^* \ln\left(1 + \frac{t}{\tau_d}\right) \quad [\text{C}] \tag{2.4}$$

$$q^* = \frac{2\pi \varepsilon_0 d k T}{e} \quad [\text{C}] \tag{2.5}$$

$$\tau_d = \frac{8\pi \varepsilon_0 kT}{d C_i n_i e^2} = \frac{8\pi \varepsilon_0 kT \mu_i E}{d C_i J_i e} \quad [\text{s}] \tag{2.6}$$

$$q_f = \frac{q_{fs}(t/\tau_f)}{1+(t/\tau_f)} \quad [\text{C}] \tag{2.7}$$

$$q_{fs} = \frac{3\pi \varepsilon_0 \varepsilon_s d^2 E}{\varepsilon_s + 2} \quad [\text{C}] \tag{2.8}$$

$$\tau_f = \frac{4\varepsilon_0}{\mu_i \rho_i} = \frac{4\varepsilon_0 E}{J_i} \quad [\text{s}] \tag{2.9}$$

ただし,q^*:拡散帯電定数[C], t:帯電時間[s], t_d:拡散帯電時定数[s], d:粒子径[μm], ε_0:真空の誘電率 8.85×10^{-12}[F/m], k:Boltzmann 定数

1.38×10^{-23}[J/K],T:絶対温度[K],e:電気素量 1.6×10^{-19}[C],C_i:イオンの平均熱運動速度[m/s],n_i:イオン密度[m^{-3}],μ_i:イオンの移動度[m^2/Vs] 正イオン:0.00014,負イオン:0.00021,J_i:イオン電流密度[A/m^2],τ_f:電界帯電時定数[s],q_{fs}:飽和電界帯電量[C],ε_s:粒子の比誘電率,ρ_i:空間イオン電荷密度[C/m^3],E:帯電空間の電界強度[V/m],である.

理論帯電量の粒径特性の例を図 2.31 に示す.拡散帯電量および電界帯電量のいずれにおいても,粒径が大きくなるに従い増加する.しかし,粒径約 0.15μm を境として,それ以下では拡散帯電,それ以上では電界帯電が優勢となる.

EP の性能評価として,いくつかの集塵率の理論計算式が提案されている.そのなかでも,EP 内の同一断面上においては粒子濃度が均一であると仮定した Deutsch の理論式が最も基本的な理論である.Deutsch の理論式は次のように誘導される.理論式の誘導のための条件を図 2.32 に示す.2 枚の長さ L [m]の金属平板電極がギャップ G [m]の間隔で平行に並んでいる.

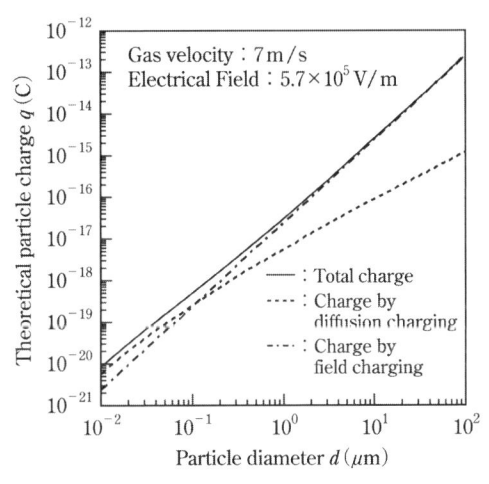

図 2.31 直流正極性コロナ放電による粒子の理論帯電量の粒径特性

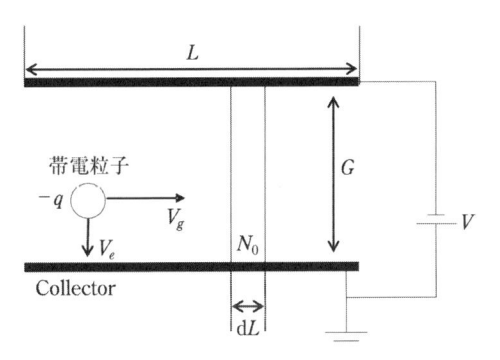

N_0:粒子濃度
V:電圧
q:粒子帯電量
V_g:ガス流速
V_e:粒子の実効移動速度
L:集塵電極長
G:電極間隔長

図 2.32 集塵率の理論式の誘導条件

この電極の片方を接地し，もう一方に電圧 V [V]を印加し電極間に電界 E を形成する．帯電粒子を含んだガスがこの電極間を流速 V_g [m/s]で流れる．任意の集塵空間内における粒子濃度を N_0 としたとき，集塵部の微小区間 dL における粒子濃度の変化分 dN_0 は次式となる．

$$dN_0 = -N_0 \cdot \{W_{th}/(V_g \cdot G)\} \cdot dL \tag{2.10}$$

ただし，W_{th} は電界方向への粒子の実効移動速度 [m/s]である．$L=0$ のときの粒子濃度を N_i として，この微分方程式を解くと，次式が得られる．

$$N_0 = N_i \exp\{-(W_{th} \cdot L)/(V_g \cdot G)\} \tag{2.11}$$

よって，集塵率は，

$$\eta = (N_i - N_0)/N_i \tag{2.12}$$
$$= (1 - N_0/N_i) \times 100 \tag{2.13}$$
$$= [1 - \exp\{-(W_{th} \cdot L)/(V_g \cdot G)\}] \times 100 \tag{2.14}$$

となる．(2.14)式より，EP の集塵率は粒子の実効移動速度に依存する．粒子の実効移動速度 W_{th} は Stokes 抗力と静電気力の釣合いの式より (2.15)式で表される．

$$W_{th} = \frac{qE}{3\pi \eta_{\text{air}} d} C_m \tag{2.15}$$

ただし，C_m はカニンガム補正係数，η_{air} は空気の粘性係数 1.81×10^{-6} Ns/m^2 である．カニンガム補正係数の粒径特性を 図 2.33 に示す．カニンガム補正係数は粒径約 $1\,\mu m$ 以上においてはほぼ 1 であるが，それ以下の粒径粒子に対しては粒径が小さくなるに従い大きくなる．これは，粒径が小さくなり粒子の大きさが気体分子に近づくと，気体分子のすきまをすり抜けるためである．すなわち，粒径 $1\,\mu m$ 以下の粒子の実効移動速度に関しては，カニンガム補正係数を考慮しなけ

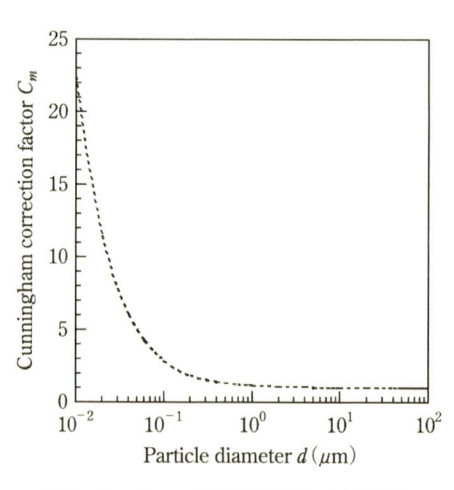

図 2.33 カニンガム補正係数の粒径特性

ればならない．

2.4.5 電気集塵装置（EP）の問題と対策

EP はナノ粒子などの微粒子に対して集塵性能が高く，メンテナンスが容易である．また，圧力損失が低く，ファンの動力費が抑えられる経済的メリットもある．このため，工業用から家庭用まで幅広く利用されている．しかし，EP は他の集塵装置と比べて集塵率は高いが，その性能は処理対象粒子の性状に大きく依存する．粒子の性状のうち，電気抵抗率は EP の性能を決定する重要な物性値である．電気抵抗が高抵抗の粒子（$10^{10}\,\Omega\text{cm} < \rho$）では逆電離現象，低抵抗粒子（$10^{4}\,\Omega\text{cm} > \rho$）では再飛散現象が生じて集塵率は低下する．

非鉄金属精錬所などから排出される浮遊粒子状物質は，高抵抗粒子である場合が多く，逆電離現象が問題となり古くから研究されている．その解決策として主に処理ガスの調湿，パルス荷電方式，間欠荷電や図 2.34 に示す移動電極

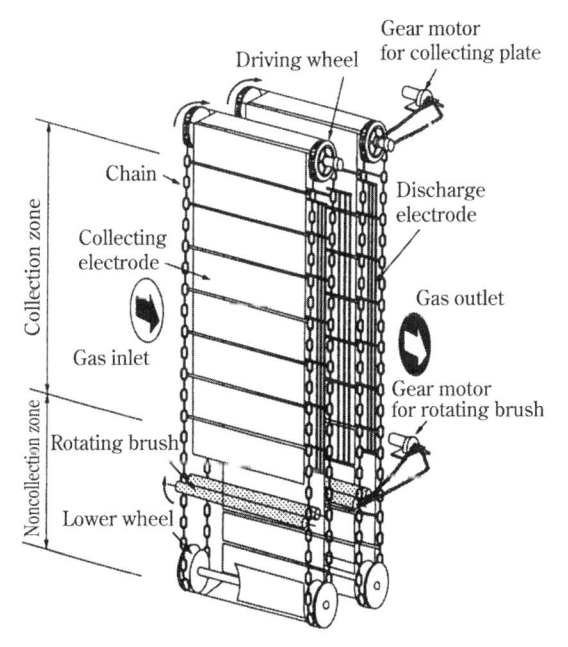

図 2.34 移動電極型電気集塵装置の構造（出典：三坂俊明，大浦 忠，山崎 稔，放電研究，Vol.48，No.2 (2005)）

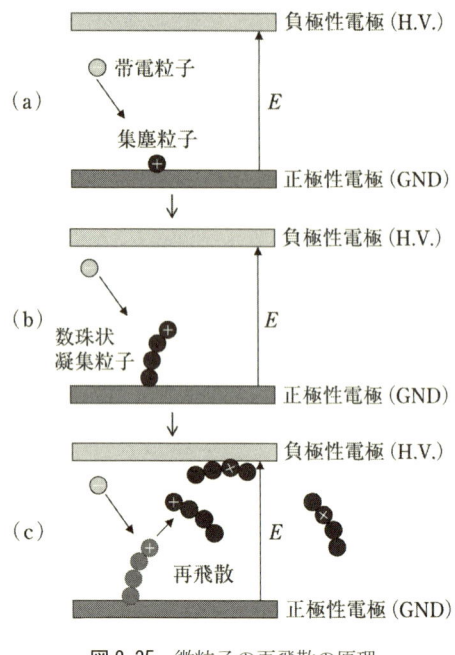

図中ラベル:
(a) 負極性電極(H.V.), 帯電粒子, 集塵粒子, 正極性電極(GND), E
(b) 負極性電極(H.V.), 数珠状凝集粒子, 正極性電極(GND), E
(c) 負極性電極(H.V.), 再飛散, 正極性電極(GND), E

図 2.35 微粒子の再飛散の原理

型などが検討されてきた．移動電極型 EP は，集塵板が移動して捕集ダストをブラシで払い落とすため，集塵板表面を清浄に保ち，逆電離の発生を抑制する．

近年では，自動車排ガス中に含まれる微粒子が重要視されるようになり，自動車道路トンネルに EP を設置する例が多くなってきた．ディーゼルエンジン排ガス中の微粒子(DEP)の主成分はカーボンであることが知られている．カーボン粒子は，その電気抵抗率が約 $10^4 \Omega cm$ 以下の低抵抗粒子であり，再飛散現象が問題となる．再飛散の原理を図 2.35 に示す．上述したとおり，一般に帯電部と集塵部には直流の高電圧が印加されている．帯電部で帯電された粒子は集塵部の集塵電極上に捕集され，数珠状に凝集肥大化する．肥大化した粒子は，風力等の影響により再飛散する．再飛散現象を防止する方法として，凝集装置の後段に移動ベルト型 EP を設置した方式や図 2.36 に示した静電凝集–遠心集塵方式(PC–MC)がある．PC–MC は EP 内で微粒子を凝集・再飛散させ，EP の後段に設置したサイクロン等で再集塵するものである．

自動車道路トンネル用 EP では，図 2.37 に示した交流電気集塵方式で再飛散の抑制を行っている．この方式は，集塵部に低周波の矩形波交流高電圧を印加するのみで良いため，装置の大型化や高級化はなく，性能的にも経済的にも優れた方式といえる．帯電部で帯電された粒子は，集塵部の集塵電極上に集塵され数珠状に凝集肥大化するが，電界が周期的に変化するため数珠状の凝集粒子は球状となり再飛散が防止できる．

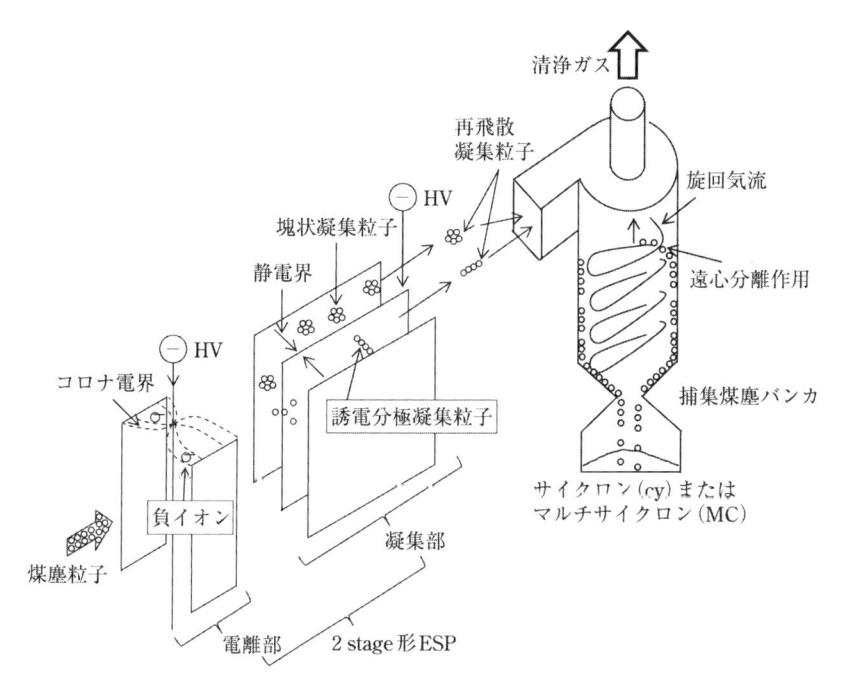

図 2.36 静電凝集―遠心集塵方式(PC-MC)の集塵原理(出典：諫早典夫，日立評論，Vol. 49, No.11, (1967)をもとに作成)

2.5 地球温暖化

地球温暖化の問題は環境(Environment)の問題ではあるが，またエネルギー(Energy)や経済(Economy)に密接した総合した問題であり，これ

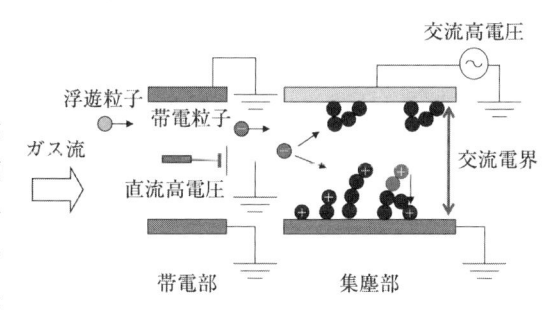

図 2.37 交流電気集塵装置の集塵原理

らを合わせて 3E 問題とも呼ばれている．ここでは環境的な立場から述べることにする．

現在地球の周囲の大気には 300〜380 ppm (0.030〜0.038％) の CO_2 が存在している．地球の表面の温度が平均 15℃ 近くに保たれているのは，大気中に多量に存在する水蒸気(H_2O)と，このわずかに存在する CO_2 濃度のおかげである．

CO_2 や水 (H_2O) 等のガス分子がこの様な温室効果を持つのはこれ等の分子は極性を持っているためである．大気中に存在する大部分のガスは窒素 (N_2) や酸素 (O_2) であるが，これ等のガス分子は極性を持っていないので温暖化の役割はない．地球は本当に温暖化しているか疑問視する研究者もいる．しかし，温暖化現象の存在は気候変動に関する政府間パネル (IPCC) という，世界の気象情報や知能を結集した，最も信頼される機関において確認され，報告もされたことである．その内容は，「最近 50 年の気温の上昇は 10 年で 0.13℃であり，過去 100 年の 2 倍で急速に上昇速度が速まっている」としたものである．温暖化現象は樹木の年輪からや 3000 m の深海の温度測定でも確認されているのである．

大気中には表 1.5 に示したような地球温暖化ガスが存在するが，温暖化への寄与は CO_2 が 60％で最も大きい．特に，CO_2 の寿命は 200 年となっているが，一説には平均寿命は 4 年であるとも，また 35000 年もあるという説もあり定かではない．長い寿命の場合には 100 年経っても 1/3，1000 年経っても 1/5 は残存することになり，CO_2 の温暖化に対する影響は極めて大きい．このまま放置すれば今後 10〜30 年で気温は 2.4〜2.8℃度上昇すると予想されているのである．したがって，以下では主として地球温暖化ガスの主役である CO_2 についてその実情，削減対策等について述べることにするが，決して CO_2 だけで温暖化が起こっているわけではない．また，CO_2 排出量の削減は単独の分野による対応だけでは不可能であり，複数の分野の技術の結集と心がけが必要となるであろう．

2.5.1 二酸化炭素 (CO_2) の排出量とその役割

地球上の CO_2 濃度は 18 世紀までは 280 ppm 程度であり，その排出と吸収はバランスしていた．CO_2 吸収の 1/3 は地球表面の 70％を占める海が吸収しているのである．人間も平均すると呼吸だけで 1 人当たり 1 年に 0.32 t も CO_2 を排出しているが，動植物による排出と吸収はトータルとしてはバランス状態にあったのである．しかし，産業革命以降は化石燃料の大量燃焼 (燃焼反応：C $+O_2=CO_2$) により，石油でも 1 kg 燃焼すると 3 kg の CO_2 を発生する．結果的に 1 人当たり年間 14 t の CO_2 を排出していることになり，大気中の CO_2 は増

2.5 地球温暖化

加してきた．近年では288億t/年(2007年)増加し，1971年の142億t/年に比べて2倍以上となっている．日本だけでもCO_2発生量は12億t/年(2008年)に達している．本来の姿は緑色植物(陸上植物＋海表層に生息する植物性プランクトン)の光合成活動によって二酸化炭素と水から$CO_2 + H_2O \rightarrow CH_2O + O_2$のように，有機物を合成し，いわゆる副生成物として酸素が放出されて，発生と消費がバランスすることが理想的な大気環境である．

CO_2ガスには人畜に対する毒性はないが，大気中の濃度が高くなると肺からCO_2が排出(呼吸作用)できなくなる．このようなことが起こるほどCO_2濃度が高くはならないであろうが，もし起これば人間は滅亡するかも知れない．そのため，環境的には大気中CO_2濃度は1000ppm以下と定められている．現在はCO_2の人体に対する直接的な影響はないが，地球温暖化の代表的なガス成分として問題児にされている．地球本来の正常な大気環境状態はCO_2が0.03%(300ppm)程度の濃度に存在している状態である．金星の表面は96.6%がCO_2で占められているため，表面温度は45℃に達している．

大気中に多量に存在している窒素(N_2)や酸素(O_2)は温暖化ガスでなく，CO_2はなぜ温暖化ガスであろうか．温暖化ガスであるか否かはガス分子が極性を持っているかいないかで決まる．CO_2等の温暖化ガスは分子構造的に極性(分子の中の電子の分布に偏りがある)を持っているが，N_2やO_2は極性を持っていない．極性を持ったガス状分子は赤外線をよく吸収して，熱振動を起こし，それによって分子自身が温度上昇し，大気の温度上昇をもたらすことになる．CO_2等より多量に大気中に存在する水蒸気も温室効果ガスの仲間である．よって，地球温暖化に大きな役割を果たしているが，水の循環はまさしく自然環境によって支配されているので，水による温度上昇は長期的には変化しないものと見なせる．

森林や海洋などの自然界によるCO_2の吸収可能量は，1年に世界中で120億tであるが，現在排出されているCO_2は264億tであり，排出量は自然現象による吸収可能量の2倍以上になっている．したがって，今ではCO_2は大気中に蓄積され増加中である．日本の温室効果ガスの61%はCO_2で占められているので，最低でもCO_2濃度をこれ以上に上昇させないためには早期に排出を減少方向に転換させなければならないことは当然である．

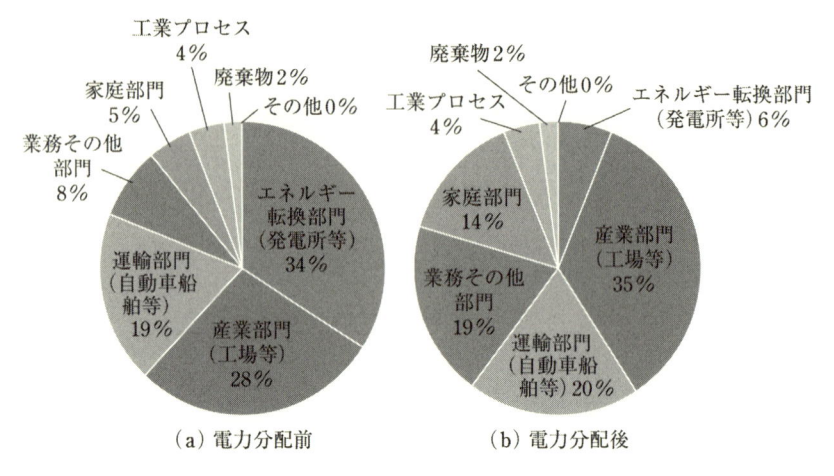

図 2.38 日本の分野別 CO_2 排出割合（出典：国立環境研究ウェブページ）

(a) 電力分配前
- エネルギー転換部門（発電所等）34%
- 産業部門（工場等）28%
- 運輸部門（自動車船舶等）19%
- 業務その他部門 8%
- 家庭部門 5%
- 工業プロセス 4%
- 廃棄物 2%
- その他 0%

(b) 電力分配後
- 産業部門（工場等）35%
- 運輸部門（自動車船舶等）20%
- 業務その他部門 19%
- 家庭部門 14%
- エネルギー転換部門（発電所等）6%
- 工業プロセス 4%
- 廃棄物 2%
- その他 0%

　CO_2 の排出は自然現象の中にもあるが，その多くは循環されている．CO_2 の増加分は人間活動，すなわちエネルギー消費（燃焼）による排出が主である．CO_2 を排出しているエネルギー分野は**図 2.38**に示すような割合になっている．(a)は直接燃料を使用した所での排出量を示し，(b)は実際に使用した所の排出量の割合を示している．石炭や石油はいったん電気に変換されて各々の分野で利用されるので，発電によって排出される CO_2 の割合は高い〔(a)で見る〕．しかし，最終的な使用分野では産業・運輸・商業・家庭の順でこの 4 部門で CO_2 排出量の 90% を越えている．現在は大気中の CO_2 濃度は 381 ppm に上昇している．15～16 世紀の産業革命以前で，未だ人口も少なく，人間活動による排出が少ない頃は 280 ppm であったので，汚染のない理想的な自然環境の当時に対して現在は 36% も増加していることになる．

　一方，**図 2.39**に示すように，CO_2 を多量に排出する石炭などの使用量は増加しているにもかかわらず，GDP 当たりの CO_2 排出量は減少している．これは日本でエネルギー効率の技術的向上によって成し遂げた成果である．

　CO_2 削減を実行するためには先ず省エネと，エネルギーの利用効率の向上である．エネルギー消費は産業界が最も大きく，その消費形態は電気を経由しての利用が多い．したがって，電力への変換効率の向上が省エネの大きな要素となろう．この電力変換効率については次章 3.1 で詳しく述べることにする．

明日の私たちの生命を守るためにも何としても過剰な CO_2 を排出しない，させないように，われわれの技術と心がけを結集して実現しなければならない．過剰 CO_2 の削減を実現するには単一の方法や技術では不可能である．それを実現する主なものは①エネルギー消費効率の向上（省エネルギー）②再生可能エネルギー（自然エネルギー）の活用，③原子力の利用，④排出後の CO_2 処理（液化，固化），の四つであろう．さらにもう一つ付け加えなければならないことは「森林の活性化」という，自然力の活用である．

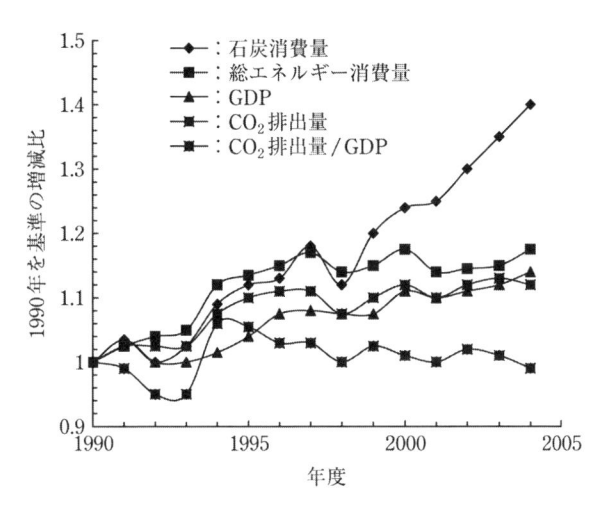

図 2.39 日本のエネルギーと CO_2 排出の推移

地球温暖化物質の中で CO_2 が最も影響力の大きい原因物質であり，この CO_2 の削減にはいろいろな切口から取り組まなければならない．現在の排出量はほぼ 288 億 t/年（2007 年）である．もし，対策なしに排出量が現在の延長線で進めば世界の CO_2 排出量は 100 年後には現在の 3 倍以上になる．これを今後各種のエネルギー効率向上，化石燃料から自然エネルギーへの転換等の CO_2 の排出削減技術の推進を強力に進めれば，大気中への排出量は **図 2.40** に示すように 2030 年頃にはピークを迎え，それ以降は減少が期待できる．その大きな要素は図に示されているように，石炭をガス化して利用する技術や CO_2 の回収・貯留の技術 CCS（Carbon Dioxide Capture and Storage）である．CCS の技術については 2.5.4 で詳しく述べる．

また，エネルギー源の転換も必要であるが，原子力発電についてはエネルギー密度が高く，事故発生時の被害が大きいことが懸念されている．実際に日本で経験した新潟中越地震は予想をはるかに超えた大地震であった．東京電力柏

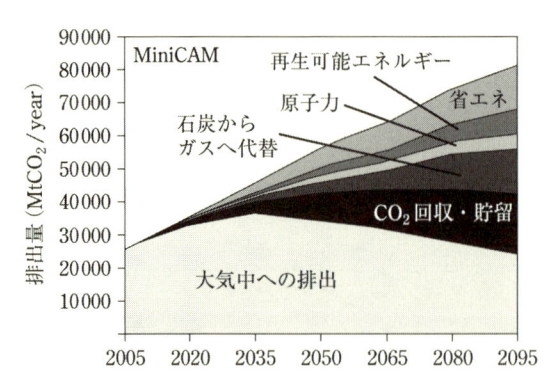

図 2.40 世界の CO_2 排出量の見通し（MiniCAM モデル）
（出典：NEDO，平成 19 年度クリーン・コール・テクノロジー推進事業 石炭火力発電ゼロエミッション化に関する動向調査，成果報告書，平成 20 年 3 月）

崎原子力発電所は爆発や放射線漏れ等が心配されたが，そのようなことはなく停止し，大事故には至らなかった．一部で火災は起こったが，爆発的な事故には至らずに停止し安全であった．国際原子力機関（IAEA）の調査団も停止した原子力発電所の現場調査を行い，「想像以上に安全であった」とのお墨付きを与えた．しかし，福島第一原子力発電所の大事故は，国際評価尺度でアメリカのスリーマイル島原発事故のレベル 5 を超えるレベル 6 に相当する．今後も原子力発電所は安全対策を二重，三重，四重以上に重ね究極の安全を確保し，全電力の一定割合は定常的に背負ってもらうことが必要であろう．それは，エネルギー資源の節約と CO_2 排出削減の何れの面からも必要なことである．今後はエネルギーの高効率化，石炭のガス化および CCS 等の技術に期待する所が大きい．しかし，日本の環境技術はすでに高いレベルにあるが，京都議定書における 1990 年比で CO_2 排出量 6％削減，さらに 25％を実現するには相当な国民の犠牲的な覚悟と度量が必要なことは確かであろう．

2.5.2 ライフサイクル CO_2（$LCCO_2$）

ライフサイクル CO_2（$LCCO_2$：Life Cycle CO_2）というキーワードは建築や環境に関する専門分野ではよく認知された言葉ではあるが，一般にはまだ十分に知られた用語になってはいない．$LCCO_2$ は製品に使用される材料の生産，製品の製造時から使用中を通して廃棄時までにトータルの排出 CO_2 で見たもので，環境に及ぼす影響を総合的に評価したものである．建築関連の分野（日本建築学会，空調衛生工学会等）での $LCCO_2$ は，建築物に対する資材から解体ま

での一生涯を通して排出される CO_2 量であり，温暖化の評価を行い，最終的に温暖化防止に寄与することを目的としている．$LCCO_2$ は建築分野で立ち上げられた手法であるが，地球温暖化対策に真剣に取り組み，それに対応するには建築物のみならず，あらゆる工業製品，身近な生活用品や生活も $LCCO_2$ の考え方が必要な時代になってきたと云えるであろう．

例えば，断熱材として硬質ウレタンとガラスウールを比較すると，断熱作用(能力)は両者ともほぼ同じである．しかし，これ等の製造時の CO_2 排出量ではガラスウールは硬質ウレタンの 1/50 である．この例のように，材料の製造時や廃棄時も含めて CO_2 排出量をトータルで見る必要があることを示している．

建物を建設する時に発生する CO_2 は，設備関係が 30％，建物が 70％である．建物の割合は大きいが，建設後の運用を含めると $LCCO_2$ は建物の使用全期間におけるエネルギー消費が 50％ を占めている．建物の $LCCO_2$ による評価を行うことに当たっては建物の材料はもちろんのこと，建物の内の内装，調度品や家電製品等全てにわたって各構成要素の CO_2 排出量の評価を行い，そのすべてを積算することが必要になる．したがって，建物の設計時に $LCCO_2$ の評価を行うには建築物を構成するすべての材料・製品・建設工程について $LCCO_2$ が必要になる．また，$LCCO_2$ の評価法もその活用方法や使用目的によって何種類かがある．

評価法には原単位が用いられ，原単位は各評価項目についてどれだけの CO_2 を排出するかの測定結果に基づいて求められており，例えば①工事費当たりの原単位(kg-C/円)，②床面積当たりの原単位(kg-C/円)，③冷房能力当たり原単位(kg-C/Rt)，④ガスの熱量当たり原単位(kg-C/Mcal)，⑤製品当たり原単位(kg-C/千円)などのように評価法が示めされている．ここで示した原単位の中の(kg-C)は各要素毎に排出する CO_2 の中の C の重量を kg で示したものであり，ここでは建物，設備や製品について各要素の必要量を積算したものである．例えば発電機の種別について発電電力当たりの原単位は石炭が 975 g/kWh，石油が 742 g/kWh で，太陽光発電(36～53 g/kWh)，風力(29 g/kWh)，原子力(22 g/kWh)，水力(11 g/kWh)などの他のエネルギー源に比べて排出量が非常に大きいことがわかる．なかでも設備や運用に対して燃料による排出の割合が高

い．それに対して発電量で30％を担っている原子力をはじめ10％を担っている水力発電等の自然エネルギーによる発電では建設時のCO_2排出はあるが，定常的な運転時のCO_2排出はない．例えば，石炭火力発電1000億kWhが水力発電に置き換わるとすれば，これによって9700万tのCO_2排出削減できたことになる．この数値は環境的にもエネルギー資源としても重要な視点である．

原子力発電については使用済み燃料の処理方法の取扱いによって過去には異なる原単位を表示していたこともあるが，最近の濃縮技術の進歩もあり，MOX燃料として再利用することを前提に算出したものである．火力発電によるCO_2の排出について世界各国を比較すると**表2.10**に示すように，国の技術レベルによって大きく異なっており日本が優れているといえる．しかし，電力全体で見ると，**図2.41**に示されるように，原子力の割合の高いフランスと水力発電の割合の高いカナダはCO_2排出量原単位が少ないことを明瞭に示している．

$LCCO_2$による温暖化の評価法により前記した「⑤製品当たり原単位」が決

表2.10 火力発電所の効率比較（発電電力量当たりの投入熱量）

日本	北欧	イギリス	フランス	ドイツ	米国	中国
100	106	107	120	120	120	133

日本を100％とし，数値が大きいほど効率が悪いことを示す．

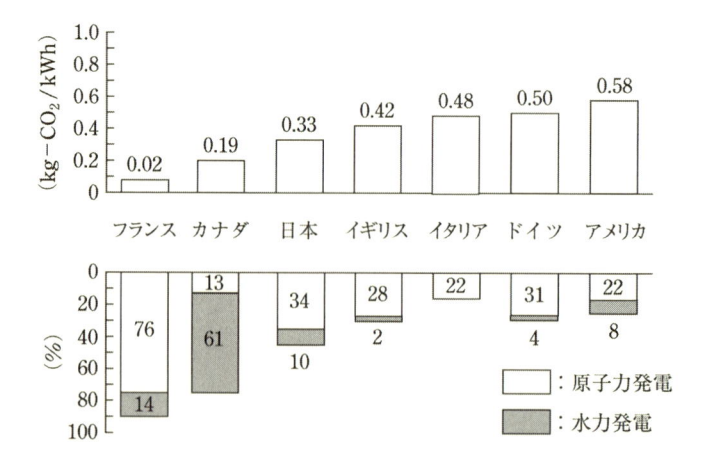

図2.41 各国の発電端CO_2排出原単位（出典：日本電気事業連合会資料）

定され，これが消費者に対する大きな購買の動機に影響を与えることにもなるであろう．製品に対する LCCO$_2$ 評価はメーカーとしても一つの性能評価にもなり，家電製品をはじめ多くの製品や建築物に対しトップランナー方式として機能し始めており，この LCCO$_2$ を含めた評価法は今後ますます重要になるはずである．

2.5.3 カーボンシンク（炭素吸収源）

人類の活動によって排出する CO$_2$ の量は 6×10^{14} mol/年（2.6×10^{10} t/年：2.64億 t/年）になると見積もられている．この排出量は森林，海洋等の自然現象による吸収量の2倍以上である．CO$_2$ による気温の上昇による種々の影響を予想すると，現在は CO$_2$ の排出抑制とそれを低減させる技術は今後に向けた大きな課題である．なぜなら，現在は依然として化石燃料がエネルギー源の主体であり，今後もこの状態が続く限りさらに多量に排出されるからである．

いろいろな試算はあるが，地球上の炭素量は石灰岩を除くと約 46 兆 t であり，そのうち 39 兆 t は海の中にある．陸圏にある炭素量は約 2 兆 1000 億 t 存在するが，そのうち 1 兆 5000 億 t が土壌岩層として，5500 億 t が陸上生物である．化石燃料としては 4 兆 t，大気中には CO$_2$ として 7300 億 t 存在すると試算されている．N$_2$，O$_2$ の水中への溶解度は各々0.0236 および 0.0545（g/l）であるのに対して，CO$_2$ は 2.34（g/l）と極めて高いため，海洋表層および海洋中における炭素量は多い．海洋表層における CO$_2$ の海水への溶解度はヘンリーの法則と（地球上の CO$_2$ の移動と蓄積は **図 2.42** の様である）温度効果（**図 2.43**）によって決まる．

海洋に比べて陸上の貯蔵量は少ないが，陸圏における炭素の貯蔵源にとって陸上生物に含まれる森林の果たしている役割は大きい．森林は地球上の生きたバイオマスであり，自然の巨大な CO$_2$ 貯蔵庫であると同時に，地球への酸素の供給源でもある．森林の果たしている役割は広く大きく，①地球環境保全，②水源涵養，③土砂災害防止，④生物多様性保全，⑤物質生産やさらには人間の精神的な安らぎ等多くの機能や役割を果たしている．

私たちのエネルギー源は当面は化石燃料を主体とする時代が続くであろうし，化石燃料をエネルギー源としている限りは CO$_2$ は多量に大気中に排出される

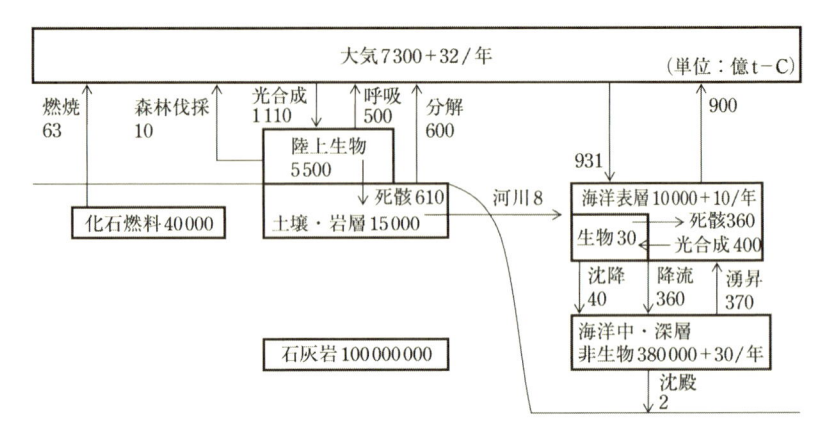

図2.42 地球上のCO_2の移動と蓄積

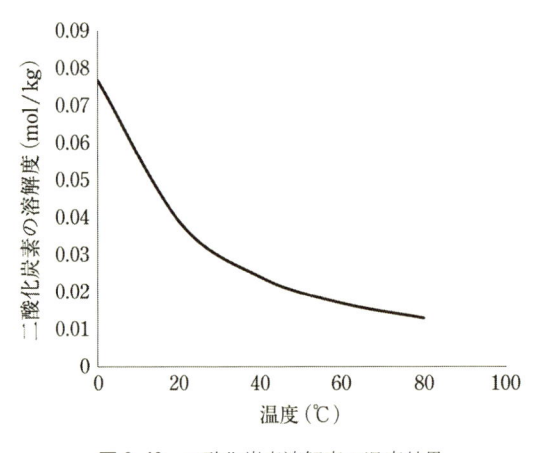

図2.43 二酸化炭素溶解度の温度効果

ことになる．地上のCO_2は図2.42に示すように，大気への吸収と放出があるが，トータルでは放出の方が多くバランスを欠いている．CO_2は大気中に蓄積され，濃度は次第に高くなる．この多量のCO_2をどう処理するかは人類にとって大きな課題である．最も望ましいのは自然現象による自浄作用によるもので，それは植物の同化作用であり，中でも森林による吸収になるであろう．

地球上の総陸地面積は130億haであるが，未だ農耕が本格化する以前の自然状態における森林面積は80億8000万haで，これは全陸地面積の62％を覆っていた．しかし，現在は34億5000万haで原始時代に比べれば27％に減少したが，さらに2000〜2005年にかけて年平均732万haずつ森林面積は減少した．地域別に見ると図2.44に示すようにアフリカや南米の熱帯雨林における減少が目立っている．世界最大の森林国ブラジルのアマゾン熱帯雨林は日

本の 13 倍の広さであったが，最近の 30 年間で日本の 2 倍の広さが伐採や焼き畑農業のため少なくなり，砂糖キビや大豆畑に変わった．世界の森林には光合成と呼吸作用によって約 600 億 t/年の CO_2 の固定化が可能である．

CO_2 の増加は約 72 億 t/年であり，この 3/4 は化石燃料の消費の増加，1/4 は森林の減少によるものである．1 年間に世界中で伐採される森林面積は日本の面積の半分に匹敵すると言われている．実際に CO_2 は海洋による吸収量 40 億 t/年と見積もられるので，32 億 t/年が大気に蓄積されることになる．これは化石燃料の使用による CO_2 排出量のほぼ 50％に相当する量である．ただし，化石燃料の使用よって，海洋中の炭素量が増加していることも忘れてはならない．

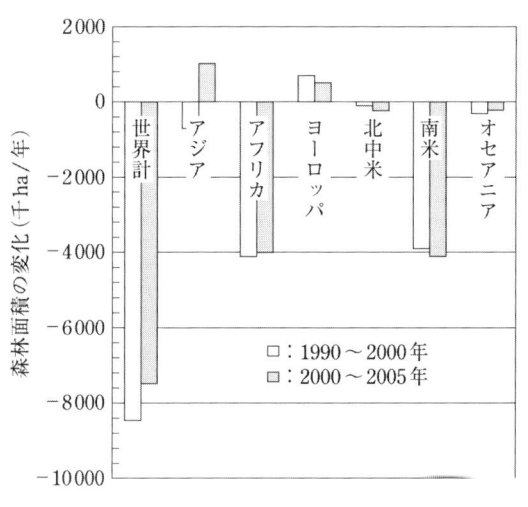

図 2.44　世界の森林面積の変化（出典：日本硝子財団，生存の条件，2009 年 3 月，p.15）

森林は建材やパルプ用の資源として，私たちの生活の必需品として活用されて来た．その急激な需要の拡大による乱伐，開発途上国の人口増による農地拡大が森林面積減少の大きな原因である．このような木材もパルプ材もできる限り情報化時代に即してペーパーレス化を積極的に推進することが必要である．パルプ材対策の一つとしては，間伐材や成長の早いユーカリなどが有効に利用できる．バイオ燃料を含め，間伐材などの有効利用を促進しなければならない．

理想的には森林等の植物による自然の営みとして光合成により CO_2 を吸収してくれる，すなわち森林によるカーボンオフセットが最も望ましい．それは本来大気中の O_2 は大気中の CO_2 から光合成によって作られたものだからである．植物の光合成のプロセスの一例は CO_2 と H_2O が太陽光の力によって炭水化物を作る次のような反応である．

$$CO_2 + H_2O + h\nu \rightarrow CH_2O + O_2$$

このような簡単な植物の光合成反応も起こるが，次のような反応も起こる．セルロース(1 kg)を作るために CO_2(1.6 kg)吸収，O_2(1.2 kg)を放出し，結果として 0.4 kg の CO_2 を植物繊維として固定する．このような自然現象で過剰な CO_2 を吸収する環境こそが理想的なサスティナブルであろう．最も望ましいことは人為的ではなく自然現象の営みの中で CO_2 を吸収することである．

$$6CO_2 + 6H_2O + h\nu \rightarrow (C_6H_{12}O_6) + 6O_2$$

地球全体で考えれば，植物の生命活動による CO_2 の回収は長期貯蔵になるであろう．植物・土壌中の炭素貯蔵量は 2 兆 1000 億 t であり，定常的には生態系による吸収は 10 億 t/年である．森林は自然現象による有効なカーボンシンクである．また，大気中の CO_2 量は 7300 億 t であるが，発生量と吸収量の差では毎年 32 億 t/年増加する傾向にある．それは化石燃料の燃料及び森林伐採による発生があわせて 73 億 t/年であり，概略海洋への吸収 31 億 t/年，生態系を含めた陸地への吸収 10 億 t/年の差である．海洋への溶解は表層と深層があるが，多くは次式のように海の表面で溶解後，イオン化して蓄積されている．

$$CO_2 + H_2O \rightleftarrows 2H^+ + CO_2^-$$

京都議定書では日本の削減目標は 6％であるが，そのうち 3.9％を森林による吸収効果に頼っている．実際にそれは可能であろうか．これを可能にするため各企業の取組みもなされている．例えば，社有林を持ち，自社で排出する CO_2 の何割かをカバーしようとする試みである．これは海外でも行われており，カーボンオフセットと呼んでいる方法である．CO_2 吸収量は木の種類や樹齢によって異なり，例えば1ha 当たり松の木の吸収量は 図 2.45 示すように樹齢によって変化する．

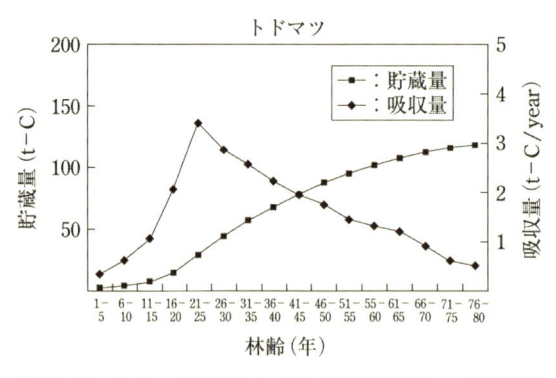

図 2.45　トドマツの樹齢と CO_2 吸収量(出典：北海道庁ホームページ)

1 人の人が呼吸により排出する CO_2 量は

0.25t-CO_2/年(炭素換算重量 0.08t-C/年)で，これは樹齢 50 年の松 19 本の吸収量に相当する．呼吸だけでなく 1 人の生活による排出量は 20.5t-CO_2/年(炭素換算重量 3.56t-C/年)であり，これは 830 本の松の吸収量に相当する．

　森林という自然現象による CO_2 の吸収効果は各家庭による省エネと同様に木の 1 本 1 本の吸収によるミクロの積み重ねである．まさしく「チリも積もれば」に対する期待である．しかし現在のように世界の森林面積は減少している状態にあり，これを止めなければいけない．特に木材の多くがパルプ材として使用されており，情報化社会において多量に紙が無駄に使われているのを見過ごすわけにはいかない．私たちの「もったいない」という，物を大切にする心，節約の心が無駄の撲滅に，ひいては CO_2 削減に貢献するであろうことを忘れてはいけない．また，環境的に見れば公有，国有はもちろんであるが，私有林も単なる私有財産ではなく，人類全体の共有財産であるとの認識を持つ必要がある．森林によって排出される CO_2 すべてを吸収することは無理であっても，長期的にはカーボンニュートラルに向かって進めることが地球温暖化の最も基本であり，理想的な自然環境の推進であるからである．

2.5.4　CO_2 の回収・貯留 (CCS)

　CO_2 の身近な用途にはドライアイスや炭酸飲料等があるが，これ等に利用される量は日本では年間 75 万 t である．排出量は 12.9 億 t であるので，利用されているのは微々たる量である．しかし，これ等は有効利用に見えるがやがては大気中に放出されてしまうので，長い目で見れば CO_2 削減には役立ってはいないのである．

　化石燃料に代わるエネルギー源が主体になるまではまだ時間がかかることを考えると，化石燃料の使用によって排出される CO_2 の削減を進めることは必須条件である．CO_2 の排出は森林等の自然現象により吸収されることが望ましいことはいうまでもない．大気中には 7300 億 t の炭素が存在しているが，陸上生物および土壌としてその 2 倍以上の炭素が蓄えられており，森林は巨大な自然の CO_2 貯蔵庫の役割を果たしている．

　しかし，現実に CO_2 排出量は自然による吸収量を超えているので，CO_2 の排出を抑制するための「脱化石燃料エネルギー」ともいえるエネルギー資源の転

換や，エネルギー効率の向上が最優先の課題である．したがって，CO_2 の回収・貯留 (Carbon Capture and Storage : CCS) は環境的には脇役であるかも知れないが，現在ではそれも取り組まなければならない重要な課題であり技術である．特に火力発電所や製鉄所等の集中かつ大量排出源については必要なことである．

　多量に排出された CO_2 の削減を自然現象に頼れない分は何らかの方法で回収しなければ，大気中の CO_2 濃度は高くなるばかりである．CO_2 にエネルギーを加えて分解すればよいと考える人もいる．この反応は物理化学的にも技術的にも可能ではある．しかし，この分解反応を起こすに要するエネルギーは炭素が燃焼して発生する熱エネルギー以上のエネルギーを必要とするので，コスト的には無意味といえる．CO_2 に光増感剤と触媒を加えて太陽光を当てて CO_2 を燃料化しようとする研究もされている．やはり燃焼時以上のエネルギーの注入が必要であり，まだこの実用化には時間が必要のようである．

　世界で 2050 年までに CO_2 濃度を半減させるという目標を達成するためには 480 億トン減少させなければならない．これを実現するには発生した CO_2 をガス中から分離・回収して貯蔵する技術が期待されており，この技術を CCS 技術と呼んでいる．専門家は，その 2 割 (19%) は CCS に頼る必要があると指摘する．CO_2 を地中や深海に長期間超高圧力下で貯蔵している間に，CO_2 が再び化石燃料化されるかもしれない「夢」を持ちながらである．このような貯蔵技術は未だ十分に実用化された技術に達してはいないが，研究段階にあって，世界的にも各所で本格的に実証試験を通してこの実現に向けて取り組んでいる．走行中の自動車から排出される CO_2 を回収することは非常に難しいので火力発電所，製鉄所やセメント工場などの多量に CO_2 を排出する固定発生源を対象としている．CO_2 排出量の 1/4 を占める火力発電において，例えば，100 万 kW 級の石炭火力からは年間 600 万 t の CO_2 を排出している．

　CCS 技術とは，図 2.46 に示すようなプロセスで固定発生源から排出される CO_2 を回収し，それを輸送して地中深くの地層または深海に高圧力で注入して長期間にわたって貯留する技術である．

　火力発電所のボイラで燃焼直後に排出されるガス中には毒性のある一酸化炭素 (CO) が多いが，水蒸気と同時に触媒を通して噴出することによって酸化さ

れ CO_2 に転換される.ガス状態の CO_2 を回収する方法としては**図2.47**に示すようないろいろな方法があるが,これ等の中でも,化学吸収法,膜分離法および物理吸着法等が主に研究対象にされている.

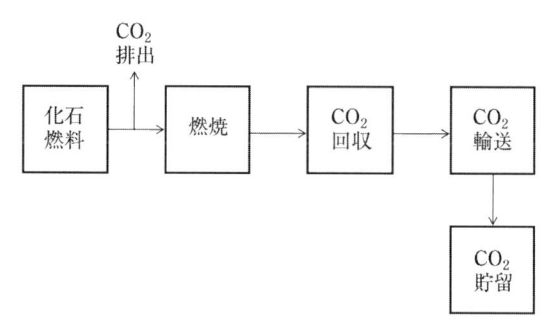

図2.46 CO_2 回収・貯留システムのブロック図

これ等の回収方法の中では化学吸着法(ファンデルワールス力による)が最も実用化が進んでいる.例えば低温(40℃程度)の吸収液(エタノール・アミン液や炭酸カルシウム液,アンモニア等のアルカリ性有機溶剤は CO_2 を選択的に溶解する)に CO_2 を含んだガスを泡状(バブル)にして通過させるか,吸収塔の中で排ガスに散布した吸収液に CO_2 を溶解させる.その後,吸収液を高温(120℃程度)に加熱して CO_2 を分離回収(再生塔)する方法であり,この吸収法により排ガス中の CO_2 を 90 % は回収できる.

膜分離法では逆浸透(RO)膜にガスを通過させることにより分離回収する方法である.また,物理吸着法ではゼオライト等の吸着剤に CO_2 を吸着させ,その後 CO_2 を吸着したゼオライトを加熱または減圧することにより脱着(放

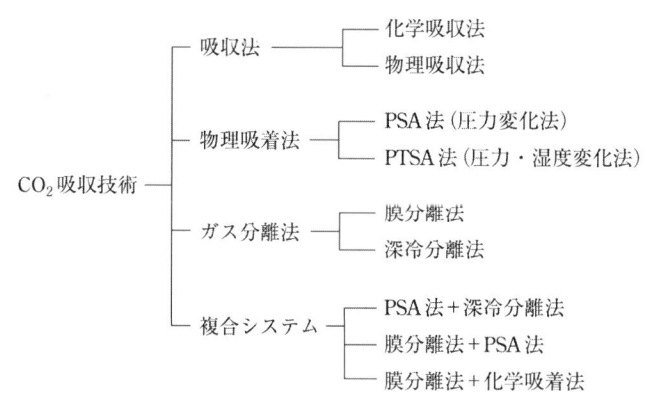

図2.47 CO_2 回収技術

出)させて CO_2 を回収する．また活性炭に担持(含ませる)させた炭酸カリウム (K_2CO_3)液に CO_2 を吸着させ(次式右方向へ)，その後脱離(次式左方向へ)させて CO_2 を回収する．気層でゼオライトに吸着する方法も，液状の炭酸カリウムに吸着させる方法の何れも技術的には実用化に近付いている．

$$K_2CO_3 + 1.5H_2O + CO_2 \underset{離脱}{\overset{吸着}{\rightleftarrows}} 2KOHCO_3 + CO_3 + 0.5H_2O$$

ここに示したような吸収液を用いた CO_2 回収を行った場合の各段階のコストを試算すると図2.48に示したように1tの CO_2 を回収するために各処理ステップをすべて合計すると4000円程度の高額になる．さらに輸送・貯留にも2000円以上は必要になるという．

CO_2 貯留場所は地中，海中何れの場合も深層の場所である．現在の環境下でも排出された CO_2 の約1/3は地球の表面積の70％強を占める海の表面から定常的に吸収されている．また，30％しかない陸地の森林が CO_2 の多くを吸収しているのである．この自然による吸収の多さは自然の力がいかに大きいかを見せてくれている．しかし，深海の貯留では私たちの技術によってさらに過剰な CO_2 を回収して地下や海洋に注入して貯留するものである．そのためには海の表面に近い表層より深い所に注入する必要がある．

CO_2 について圧力と温度の関係を示す相状態図を示すと図2.49のようである．一般に物質は温度と圧力によって固体・液体・気体に変化するが，これ等が同時に共存する点が三重点である．さらに温度と気圧を上昇していくと臨界点に達し，さらに上昇させると気体と液体とも呼べない両者が共存する状態である超臨界状態になる．超臨界状態は「第2の溶媒」とも言われて，①微細な間隙にもよく進入する高い流動性と浸透性(すきまに入り込む)，②高い溶解性(物質を

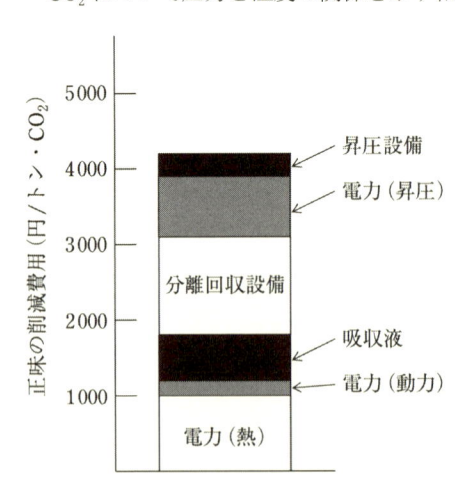

図2.48 1トンの CO_2 回収に必要な費用

2.5 地球温暖化

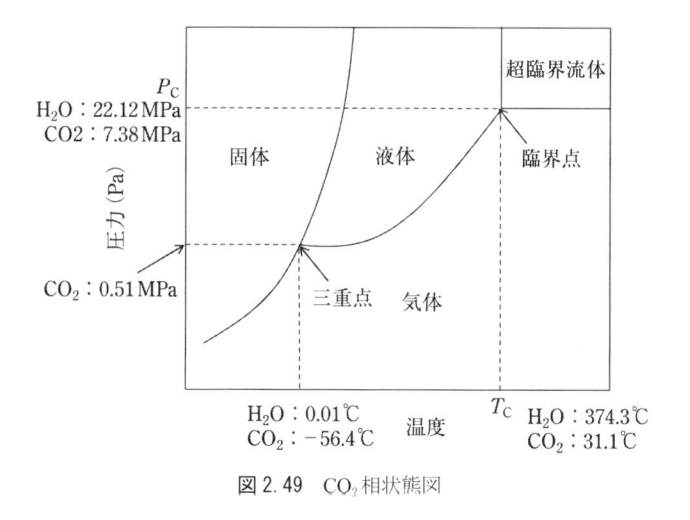

```
           Pc                    超臨界流体
    H₂O : 22.12 MPa
    CO2 : 7.38 MPa
                 固体    液体
                                  臨界点
圧力(Pa)

    CO₂ : 0.51 MPa
                     三重点
                           気体

              H₂O : 0.01℃    Tc  H₂O : 374.3℃
              CO₂ : -56.4℃  温度  CO₂ : 31.1℃
```

図 2.49 CO_2 相状態図

よく溶かす），③高い密度変化，等の性質がある．身近で超臨界が利用されている例はコーヒーからカフェインを溶出，香りエキスを分離する技術(何れも②の性質)，などである．

　海水の圧力は海面より 10m ごとに 1 気圧の割合で上昇する．CO_2 の深海への貯留では温度が 2～3℃，水深 600m では 60 気圧になり CO_2 は完全に液化する．また 300m より深くなると，CO_2 は海水より重くなる．したがって，CO_2 を海の中に閉じ込めておくためには最低でも 300m より深い所まで送り込んで放出する必要がある．また，CO_2 の超臨界状態は圧力 7.38 MPa であるので，この圧力以上の深さに注入するために，最低でも水深 700～800m より深い位置で注入すると，CO_2 は超臨界状態で海水中に放出される．この状態では CO_2 の密度が 0.5g/cm³ 位の密度となり，気体の状態の 1/250 の体積に圧縮され，比重も海水より重いので，CO_2 は海の表面に浮上することなくコンパクトに貯留できることになる．最終的に安心してこの状態を保つために必要な深さは 1000m 以上の深さであり，水深 300m 付近までの浅い混合層と違い，海水が上下に移動して混合することは少ない．これが海水中への CO_2 貯蔵法である．

　一方，回収した CO_2 を地中に貯留するには長期間漏洩がなく，貯留容量の大きい地層でなければならい．海中より深い 2000～3000m には塩水を含む多孔性の厚さ 60m に近い砂岩層や帯水層(粒子間の空隙が大きく，砂岩などから

なり，水や塩水で飽和している地層)と呼ばれる深層があり，その上部に CO_2 をシールできる緻密な泥岩等でできたキャップロックと呼ばれる地層のある所に超臨界状態にして圧入する．また，分離回収した CO_2 を石油やガス層に注入して，石油やガスの回収を促進したり，枯渇した層に注入して貯留する方法などが検討されている．地下 800 m より深い土の中で CO_2 は海中と同様に超臨界状態になるので，土中にある透水性の高い耐水層の微細な空隙を臨界状態の CO_2 が浸透して貯留される．このような場所として石油や天然ガス田の採取後の領域の利用も一つのターゲットとなるであろう．超臨界状態の CO_2 は浸透性があるので多孔質の砂粒子間に蓄積されると同時に塩水にも溶解して蓄えられる．地中や海中への CO_2 の貯留では高圧力になるので，超臨界状態を利用できることは非常に有益である．

地層中に超臨界で圧入して溶解した CO_2 は長年月の間には主に重炭酸イオン (HCO_3) となり，砂岩を構成するカルシウムやマグネシウムと長時間かけて反応し，最終的には炭酸塩となって固形化すると考えられる．この砂岩層の上には水やガスを通さない帽層または帽岩 (キャップロック) と呼ばれる不浸透性の層が必要であり，この層がガスの放出を防ぐシールの役割を果たす．CO_2 を長期間安定的に貯留ができることになる．地中貯留はすでにノルウェー，カナダ，アルジェリアで 2000 万 t を貯留した実績がある．日本もすでに 1000 m の地下に 1 万 t を試験的に貯留している．日本は海に囲まれている国であるので，沿岸部の地下には貯留適地が多くあり，そこには 52〜1460 億 t の CO_2 が貯留できると試算されている．その意味では日本は CO_2 の海洋や地下貯留には有利の位置づけにある国であるといってよい．

未だ全くの未知数で夢のような技術であるが，回収した CO_2 を再資源化するための挑戦的な研究も行われている．それは植物が CO_2 を光合成によって植物繊維物質を形成しているが，この光合成を人工的に行う技術である．それは CO_2 に光増感剤，触媒や還元剤などを加え，それに太陽光を照射することによって光合成によって吸収し，再び資源化する研究である．このように夢を夢でなくすのも研究開発の夢であろう．

日本の CO_2 削減について追記しておくことがある．それは CO_2 削減に対して，CSR (Corporate Social Responsibility : 企業の社会的責任) として，各企業が

独自に・自発的に・積極的に CO_2 削減に取り組み始めていることであり，これは高く評価したい．

2.6 ダイオキシン

一時期，発電所などの大容量のボイラからは排出されないが，小規模の焼却炉からは排出されるダイオキシンが猛毒であるとして大問題になったことがあった．ダイオキシンは青酸カリの1000倍，サリンの2倍も強力な毒性を持っていて，人類が排出した最強の毒物ともいわれている．水や有機溶剤には溶けにくいが，脂肪には溶けやすく，したがって人体に入ると脂肪組織に入り，体内に蓄積される．その結果ダイオキシンによる発がん性や奇形性などの健康被害があった．

ダイオキシンの化学構造は図2.50に示す通りであり，ポリ塩化ベンゾダイオキシン(PCDD)を骨格としている．図中に番号で示した1～4，6～9の8個の位置に塩素(Cl)が結合したものである．塩素の付いている位置や数によって75種類のダイオキシンがあるので，一般的に呼ぶダイオキシンは75種類の同素体の総称である．しかし，75種類の中でも2, 3, 7, 8, の位置に4個の塩素が結合し，その他の所には水素が結合した2378ダイオキシンが最も毒性が強いので，これをダイオキシンとしていることもある．ダイオキシンは森林火災や火山の噴火などの原因でも発生するので，自然界にも微量の濃度は存在している．

ダイオキシンの発生の主な原因はかつてペンタクロロフェノール(PCP)やクロロニトロフェノン(CNP)等の塩素を含む除草剤の散布であったが，毒性があることから，その使用も禁止になったし，近年はダイオキシンを排出するような低温で動作する焼却炉もほとんどなくなった．ダイオキシンの発生は焼却炉の規模の大小ではなく，十分の酸素を供給し，燃焼温度を800℃以上にすれば発生しないことが判明した．実際には世界の焼却炉の1/3は日本にあったのである．そのため，

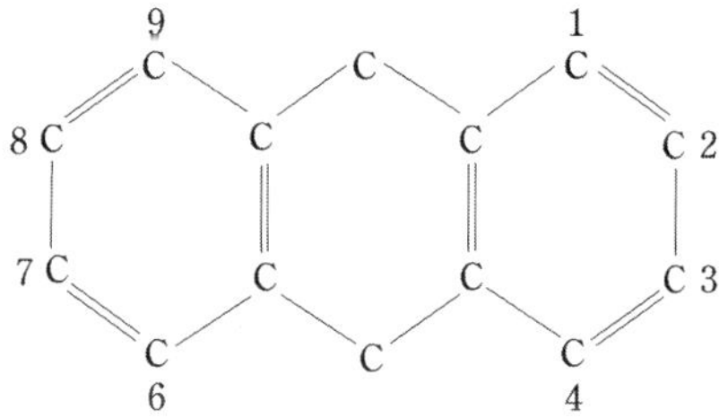

図2.50 ダイオキシンの骨格

ダイオキシンの発生源となっていた300℃以下の焼却炉の使用を禁止した．このことにより，300℃以下で使用する小規模の焼却炉がなくなり，図2.51に示すように，各発生源共にダイオキシンの排出はほとんどなくなった．

焼却炉からのダイオキシン排出が問題となった頃，その原因が焼却灰回収用の電気集塵装置であるという誤った報道がな

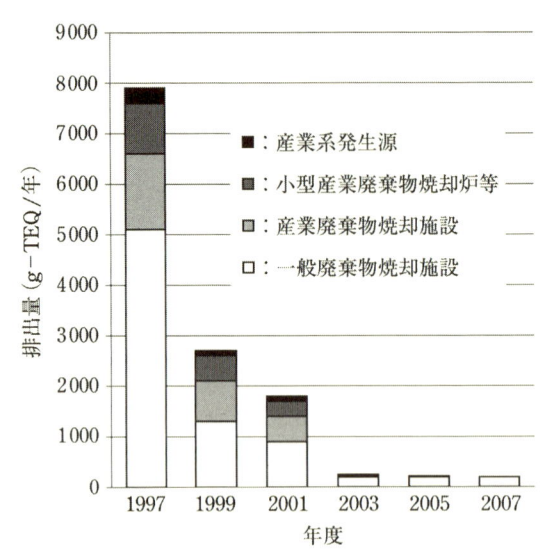

図 2.51 ダイオキシン類の排出総量の推移（出典：宮田秀明，ダイオキシン類発生抑制対策と環境汚染の実態，地球環境，2009.6, p.88）

された．その後，原因は上述したように燃焼温度にあり，電気集塵装置とは関係がないことがわかったが，今でも焼却炉に電気集塵装置が利用されることはほとんどなくなってしまった．このことは社会にとってもマイナスであり，残念なことである．

たとえ排出されたダイオキシンがあっても，例えばプラズマ処理等による分解可能な技術はある．その技術はダイオキシンと水蒸気を混合させた気体中で高電圧を加えてプラズマを発生させることにより，塩素（Cl）と二酸化炭素（CO_2）などに分解する．プラズマ以外の方法もあり，水蒸気とダイオキシンを混合し，これを図2.49に示したような超臨界状態（高温×高圧）にすればダイオキシンは分解される．また，ダイオキシンは細菌を用いても分解でき，これがいわゆるバイオレメディエイションと呼ばれる技術である．

2.7 大気中のオゾン

地上で排出されたフロンによりオゾン層が破壊され，オゾンホールが発生したことは私たちに大気は万能のごみ捨て場ではないことを明瞭に示した．オゾ

ンホールが形成されたことを契機に，成層圏におけるオゾン層の役割がようやく一般的にも認知されるようになった．実際に日差しの強い海岸ではオゾンが 0.06〜0.07，森林では 0.05〜0.1 ppm にもなる場合があり，私たちの生活圏の大気中には定常的に 0.02 ppm オーダの濃度で存在している．この大気中に存在しているわずかなオゾンは太陽からの紫外線によって生成されているが，これをオキシダントと間違えて，オゾンを悪者扱いにしている気象専門家もいる．しかし，この微量のオゾンが存在することによって，大気中に存在する多数の，また多種の細菌類が繁殖することもなく，クリーンで安心できる空気環境が維持されているのである．

　地球上の大気は大部分が窒素(N_2)と酸素(O_2)で占められ，これに 1％程度のアルゴンを含めると，この三つの成分だけで空気分子の 99.95％となる．空気の大部分は地上 100 km の範囲に存在するが，地上 50 km の範囲に 99.9％が存在し，さらにそのうち 75％は地上 10 km の対流圏にある．

　地球上の大気の構造およびオゾン濃度は図 2.52 に示すようになっていて，地表は太陽光によって温められ，地上 10 km までの対流圏では高度が高いほど

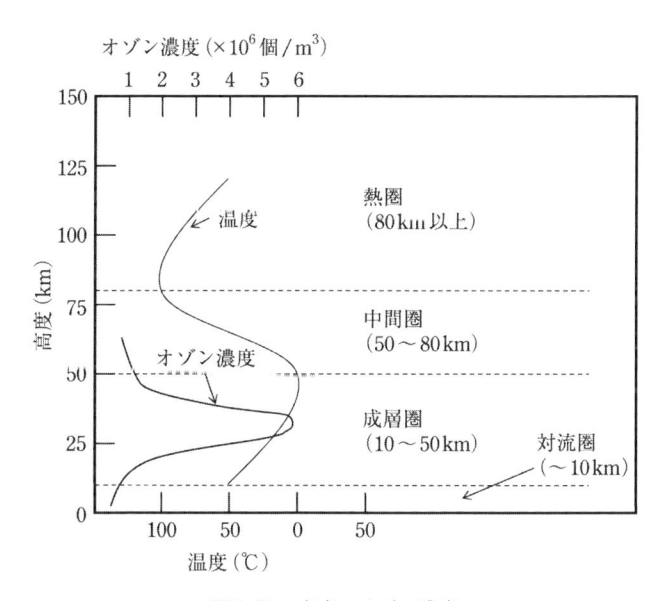

図 2.52　高度とオゾン濃度

気圧も温度も低下している．10〜50 km の範囲が成層圏でこの範囲では気圧はさらに下がるが，温度が上昇し，この領域にオゾン濃度の高い，いわゆるオゾン層が形成されている．この範囲で温度が上昇しているのは紫外光が強く，オゾンの生成と消滅が活発に行われているためである．さらに高い中間層ではガス濃度も希薄になり，気圧，温度も低下するが，80 km 以上の熱圏では温度が最高で 800℃ にも達する．

このように大気圏は地球の周囲を厚い層のように取り囲んでいるようであるが，地球の直径が 12756 km であることを思うと，大気の大部分が存在する対流圏は地球のごく表面を薄く膜状に取り巻いている状態である．成層圏ではなぜオゾ濃度が高い状態が形成されているであろうか，または成層圏と中間圏近傍では温度が高くなっているのであろうか．この二つの疑問は共通した現象によるものである．

太陽から放射される光の波長とその強度を測定すると図 2.53 のような結果になっている．太陽が発している光の波長強度分布は実験的には黒体(炭素：カーボン)を 6000 K に加熱した場合の発光とほぼ近似した強度分布である．大気中を通過して地上に到達する太陽光の強度は，波長の短い領域の光が大気中でオゾン生成などによって吸収され減少するため，大部分は長波長成分である．

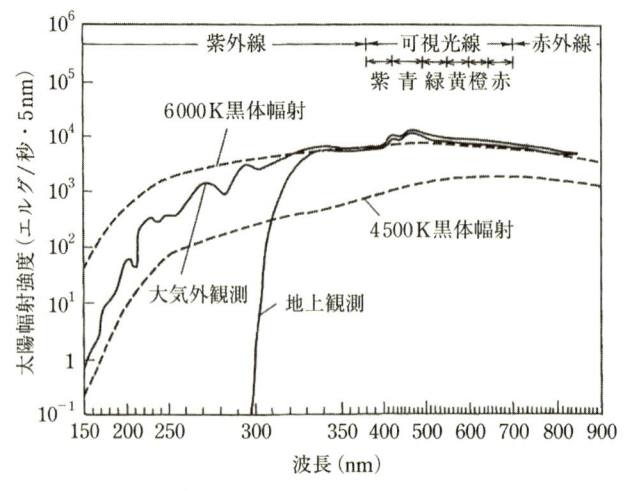

図 2.53　太陽光線のスペクトル(出典：島崎達夫，成層圏オゾン，東京大学出版会)

波長が 297 nm 以下の人体に影響のあるといわれる紫外線領域の光は大気で吸収されて地表に多量には到達しない．

　成層圏域のオゾン層で行われている酸素分子と紫外光との間で起こっている現象は次の通りである．酸素分子はあるエネルギー以上(解離エネルギー)の光を照射してやれば酸素原子に分解(解離)する．このエネルギーを与えるのにはいろいろな方法(放射線，高速電子，高温)があるが，光で与えるとすれば次のように表される．

$$O_2 + h\nu \rightarrow O + O$$

ここで $h\nu$ はアインシュタインの関係式($E = h\nu$)によって与えられる光のエネルギーである．ここで h はプランクの定数($h = 6.6 \times 10^{-34}$ J·s)であり，ν は光の振動数(光速を光の波長で除した値)である．すなわち光は波長が短い方が高いエネルギーを持っていることを示す．酸素分子が解離するのに必要なエネルギーは 5.13 eV(電子ボルト)であり，これを光の波長で示すと，240 nm より短い紫外線である．酸素の解離反応によって酸素原子が多量にできると，酸素分子と酸素原子が次のように反応してオゾンが生成される．

$$O_2 + O \rightarrow O_3$$

この二つの反応が成層圏で活発に行われている所がオゾン層であり，この範囲では 240 nm より長い紫外線は地表に達するが，これより短い O_2 を分解する範囲の波長の紫外線は吸収され地表には到達するものは少ない．

　一方，オゾン層が存在するとオゾンの分解反応も起こる．その反応は次の通りである．

$$O_3 + h\nu \rightarrow O + O_2$$

$$O_3 + O \rightarrow 2O_2$$

このオゾン分解反応を起こす光の波長は 330 nm 以下と 1100 nm 以下である．よって，成層圏でオゾンの生成・分解が繰り返されることによって 330 nm 以下の短波長の紫外線が地球表面に多く到達しないことになる．したがって，オゾン層は紫外線に対する地表への保護層的な役割を果たしていることになる．その結果，オゾン層では次のような反応が繰り返されて紫外線のエネルギーが消費され温度が上昇しているのである．①酸素分子が波長 240 nm 以下の紫外線を吸収してオゾンを生成，②オゾンは波長 330 nm 以下と 1100 nm 以下の光

によって分解，③オゾンは酸素原子によって酸化され酸素分子を作る．

このようにオゾン層が形成されたことによってエネルギーの強い紫外線も地表に到達時には強度が弱められているため，地上に生物が生存できるようになったのである．成層圏のオゾン層のオゾン濃度は数 ppm(100 万分の 1)オーダであり，厚さは数 km に及んでいる．しかし，オゾン層の気圧は低く，空気密度は低いので，地表の大気圧に換算するとその厚さはわずか 3 mm 程度にしかならない．地球上に存在する大気中の全オゾン量は 30 億 t(トン)であると試算されているが，その 90％は成層圏のオゾン層として存在していることになる．

一方，オゾン層のオゾン濃度が低下したオゾンホールは，1978 年に日本の南極観測隊によって発見された．その原因は**表 2.11** に示したフロン類と呼ばれる物質の存在で，かつては冷蔵庫やクーラの冷媒や発泡剤・洗浄剤として多く使用されてきた物質である．フロンは塩素を含む物質であり，化学的に極めて安定しているので工業材料としては優れた性質を有する物質として重用された．しかし，オゾン層では光による分解を伴い，次のような反応が起こっているのである．

表 2.11　オゾン層破壊物質の性質

	化合物名	化学式	沸点[℃]	大気中寿命(年)	オゾン破壊係数*
特定フロン	フロン 11	CCl_3F	23.8	76.5	1
	フロン 12	CCl_2F_2	29.8	138.8	1
	フロン 113	CCl_2FCClF_2	47.6	91.7	0.8
	フロン 114	$CClF_2CClF_2$	3.6	200	1
	フロン 115	$CClF_2CF_3$	38.7	400	0.6
規制物質	ハロン 1211	$CBrClF_2$	3.9	12.5	3
	ハロン 1301	$CBrF_3$	57.8	100.9	10
	ハロン 2402	$CBrF_2CBrF_2$	46.4	110	6
	1,1,1-トリクロロエタン	CCl_3CH_3	73.9	91.7	0.1
	四塩化炭素	CCl_4	76.7	67.1	1.1
	臭化メチル	CH_3Br	3.56	—	0.6
代替物質	フロン 22	$CHClF_2$	-40.8	15.3	0.055
	フロン 142b	CH_3CClF_2	-9.2	19.1	0.065
	フロン 134a	CH_2FCF_3	26.3	15.5	0
	フロン 143a	CH_3CF_3	48	41	0

＊：フロン 11 を 1.0 とした相対値
出典：新田昌弘，「環境と化学」，大学教育出版，2006

$CCl_3F + h\nu \rightarrow CCl_2F + Cl$ ·········· R_1

$Cl + O_3 \rightarrow ClO + O_2$ ················ R_2

$ClO + O \rightarrow Cl + O_2$ ················ R_3

このような化学反応がオゾン層では連鎖的に繰返しで起こっていることが明らかになった．この反応が繰り返されてオゾン層が破壊され，オゾン濃度の低いオゾンホールが形成される．オゾン層を破壊するような現象を解消するため，先進国はフロンの使用を禁止した．それ以降フロンの大気中への排出は少なくなったが，フロンの量がわずかであってもオゾンの分解反応($R_2 R_3$)は繰り返される（連鎖反応）ことになるので，一度フロンが成層圏に達すると分解反応が長期間繰り返され，オゾンの存在しないオゾンホールが作られる．太陽からの紫外線は 図 2.54 に示すように最も波長の短い UV-C がオゾン層の上層の中間圏で吸収され地上には達しない．しかし，UV-B や UV-A はオゾン層があればそこで吸収され地表に到達する量は減少する．しかし，オゾン層がないと UV-B や UV-A は地表に多く達するので，人体に対していろいろな障害を及ぼす．

このようなオゾンホールの原因物質であるフロンの排出を規制するために，1987 年モントリオール議定書を採択して，1993 年に発行した．この議定書に

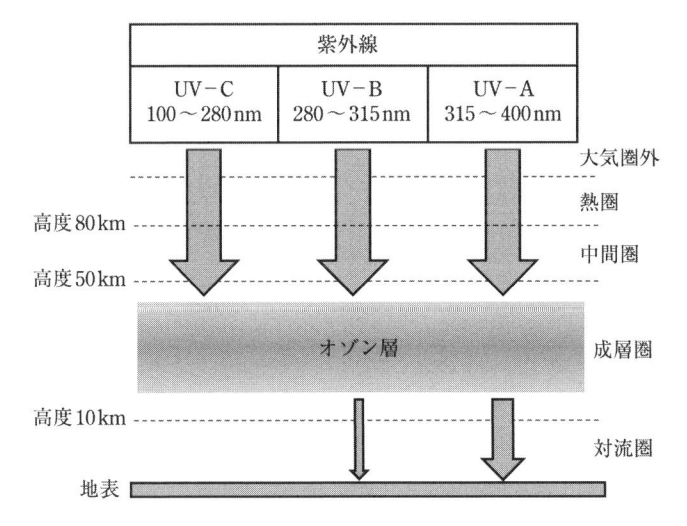

図 2.54　大気中での紫外線の吸収

より先進国では特定フロンの生産・油入・使用が禁止された．もし製造が規制されずに年間3％ずつ増加すれば，東京の位置する中緯度地域では5分間太陽の紫外線を浴びただけで危険な日焼けを起こすようになったであろうと，シミュレーションもされたほどである．また，モントリオール議定書による規制は地球温暖化対策としても有効である．何故なら，フロン等は CO_2 よりも温暖化係数がはるかに高いからである．そのため，フロン，エアロゾル，発泡剤などの役割を果たす材料として，いわゆる「代替フロン」が開発され使用されている．代替フロンとしては HCFC，HFC などがあるが，これ等はオゾンの分解作用は少ないが，温暖化係数が大きいという欠点をもっている．しかし，代替フロンの中でも最近開発された CF_3I は温暖化係数(GWP)が CO_2 と同様に，ほぼ1で，極めて小さく，環境にやさしいことが明らかにされ，今後の利用が期待されている．

フロンの生産は減少し排出量も減少したが，過去に作られたフロンは未だ現在使用状態にあったり，蓄積されたものも多くある．フロンは化学的にも安定であるので，その分解処理には新たな技術が必要となる．その分解法には①プラズマ分解法，②高温分解法，③触媒分解法などがある．プラズマ分解法では，反応槽に低気圧のフロン類（CCl_2F_2 等），ハロン類（$CBrClF_2$ 等）と水蒸気を封入し，これにマイクロ波等の高周波の電圧を加えて，10000℃近くの高温プラズマを発生させ分解する．これはプラズマを使った高温による分解反応である．この反応で HCl，HF，HBr 等が生成されるが，これ等は水溶液として回収することができる．高温分解の場合もフロンを入れた炉を外部から加熱して1500℃程度に保てば分解することができる．

フロンやハロンは過去に生産された物質であっても現在使用中の機器の中に多く使われており，環境のためには処理しなければならない物質である．本質的には私たちの技術で作り上げたものではあるが，地球環境を損なうような物質はすべてフロンと同様に製造中止や廃棄後の処理をするのは果たさなければならない当然なことであろう．

地上でオゾンは有効に利用されてはいるが，他の薬と同様に多量に吸入すれば人体にも危険を及ぼす物質である．しかし，成層圏のオゾン層では11 ppm もの高濃度である．地上では降り注がれる紫外線によって平均的には 0.02〜

0.05 ppm，低い濃度の所では 0.005 ppm 程度の濃度となる．一般に日差しの強い所では 0.05 ppm，さらに森林近くでは 0.1 ppm の濃度にも達する所もある．オゾンは自然界においても常に存在し，このオゾンは自然界における殺菌や浄化作用として大気の清浄化の役割を果たし，私たちの生活に貢献してくれている．この真の自然状態下においては定常的にわずかに存在するオゾンによって動植物が正常な生命活動を維持できるクリーンな環境に保たれていると言ってもよい．0.02〜0.05 ppm 程度のオゾン濃度は清浄な空気環境維持のための必要不可欠の濃度であるともいえよう．オゾンを発生する稲妻は自然の殺菌法とも呼ばれているほどである．

　詳細は述べないが，上下水道，プール水，風呂水等の水の殺菌・浄化を始め養殖，栽培，半導体や医療などの広い分野にわたりオゾンの強い酸化力がその威力を発揮して役立っている．最近は人工的に作られたオゾン発生器が一般家庭でも多く利用されている．

　このようにオゾンが強い酸化剤として注目されて利用されるようになったのは，オゾンが寿命が短く，余分に供給しても過剰分は短時間に分解して安全な酸素になるからである．オゾンほど強い酸化力を持ちながら薬品でなく，強い薬効ある安全な物質は他には見当たらない．

　オゾンではないが，真の自然環境や人工的な自然環境の変化は知らず知らずの間に私たちの生活環境に影響を与えていると思われる点がある．それは現代人の身体がどんどんひ弱になってきていて，人体の免疫力も落ちてきているように見受けられる．その具体的な例を挙げれば，かつては全くなかったアトピー，アレルギー，花粉症などが非常に増えている．これは室内の温度，湿度，ほこりや菌までも快適にコントロールされクリーンであるかられはないだろうか．また抗生物質によって支えられ過ぎ，無菌環境に近い中で生活するようになってきたため，全体的に人間の体は抵抗力が減退してきているのではないだろうか．これ等の原因の一つに，広葉樹を伐って，スギ，ヒノキ等の針葉樹などの人工林が増えたことによると言う専門家もいる．植物も樹木も自然に育ち，私たちは自然を支配することなく，真の自然環境維持を援助する姿勢で進みたいものである．

第3章　CO_2 排出とその削減技術

エネルギー源の主体が化石燃料である現在ではエネルギーの消費は燃焼による各種大気汚染物質の放出になっている．よって，省エネ技術は大気汚染の改善技術の柱でもある．省エネは使用時のエネルギーを節約して消費を少なくするか，エネルギーの発生，転換や消費する機器の効率を技術的に向上させるかのいずれかである．人の呼吸も大気を汚染しているであろうが，大気環境に対する影響から見ると化石燃料の燃焼による排出の影響は格段に大きい．そこで，大気汚染物質を排出しない技術も必要であろうし，自然エネルギーへの転換も必要なことは明らかである．いずれにせよ，エネルギー効率の改善・省エネ技術は不可欠である．本章では幾つかのエネルギー効率の改善や省エネ技術について取り上げることにする．日本は多くの分野で世界に誇れる高いエネルギー効率で運用しており，これは図3.1に示すように，消費エネルギーは年々増加しているが，エネルギー消費原単位は低下し，最近の30年間でも37％改善されてきている．ここでいうエネルギー消費原単位とは単位生産量(円)に対するエネルギー消費量(kcal)で表したもので，生産量に対する必要なエネルギー量を

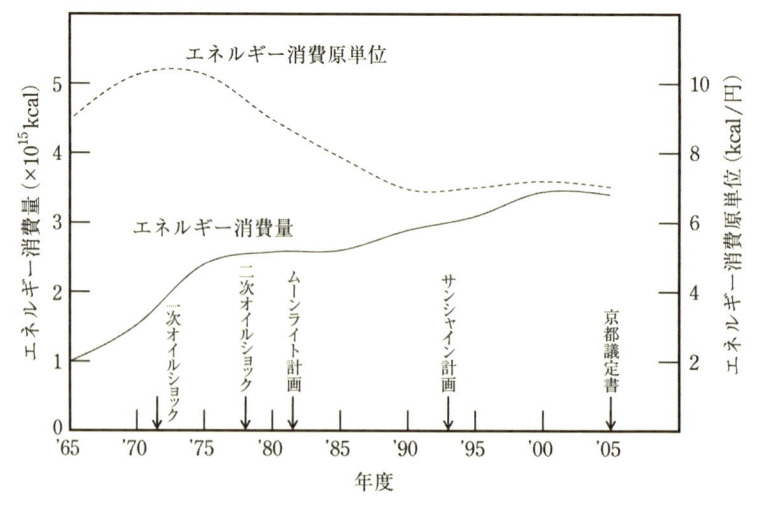

図3.1　日本の省エネルギーの推移

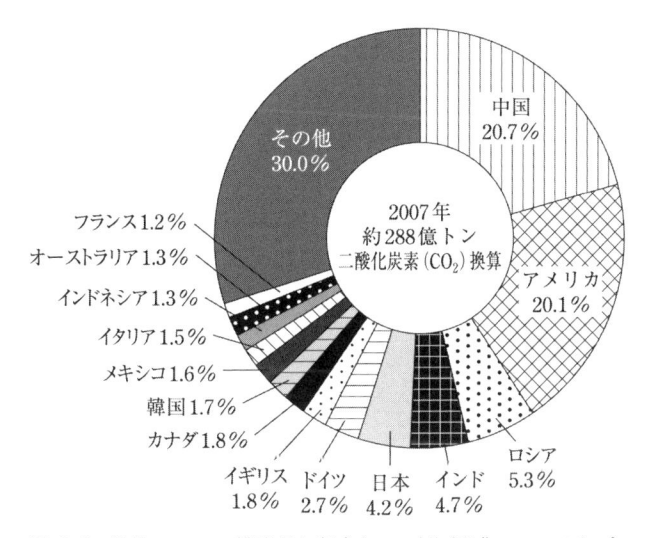

図 3.2 世界の CO_2 の排出量と割合(2007 年)(出典:EDMC/エネルギー・経済統計要覧 2010 年版,「日刊温暖化新聞」ホームページより)

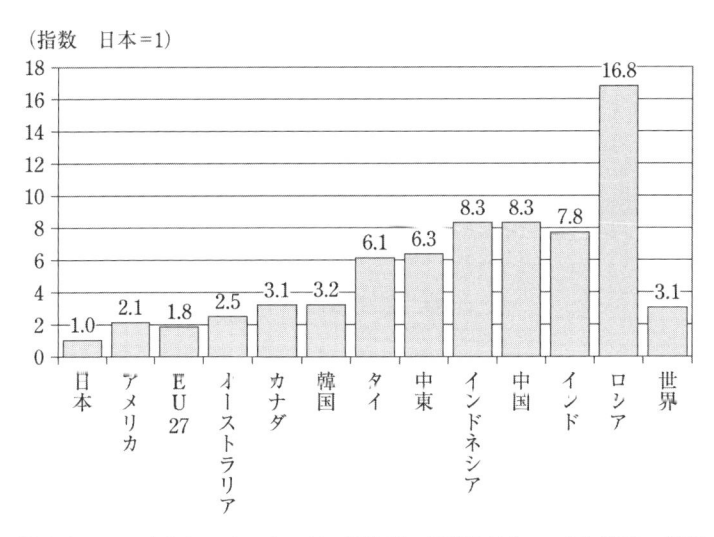

図 3.3 GDP 当たり一次エネルギー供給量の国際比較(2007 年)(出典:資源エネルギー庁,平成 21 年度エネルギーに関する年次報告,エネルギー白書 2010)

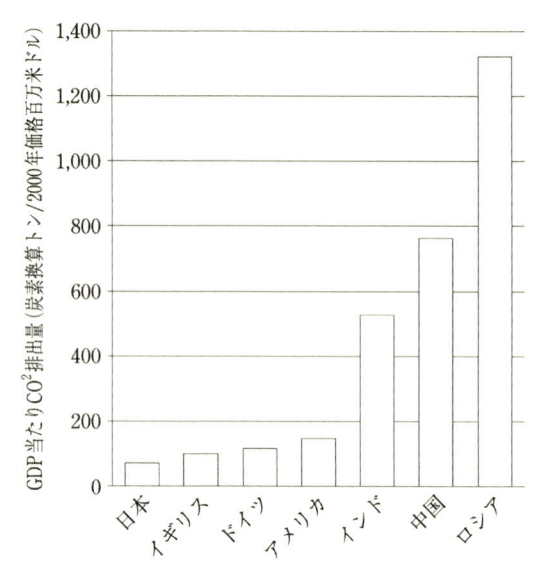

図 3.4 GDP 当たり CO_2 排出量(2004 年)(出典: EDMC/エネルギー・経済統計要覧 2007 版より作成)

示していることになる．この原単位の大幅な改善が達成されたのは日本で 1970 年代に起こった 2 度の石油ショックによって得た技術的な進歩によるものが大きいようである．追い詰められれば智恵も力も湧き出すことを示した例であるかも知れない．この点は現在も見習うべき姿勢であろう．日本の人口は世界で 10 番目でほぼ 1 億 3 000 万人であり，一次エネルギーの消費量は石油換算 5.1 億 t と，多量に消費している．そのため CO_2 排出量は図 3.2 に示すように多量である．しかし，技術立国をとなえる日本は GDP 当たりのエネルギーで示した図 3.3 から見ても，また GDP 当たりの CO_2 排出量を示す図 3.4 から見ても，トータルとしては極めて効率よくエネルギーを使用しており，この点は日本の誇りである．

3.1 火力発電所の発電効率向上

大気環境的には大気汚染物質の排出を極力減少させるための技術は必要であるが，これと同時に使用機器の効率向上が必要な要素である．世界の発電用に使用される燃料使用状況を図 3.5 に示す．国によってこの割合は異なっている．世界全体の発電用エネルギー源としては化石燃料が 67％である．特に，世界全体では石炭が 41％であるが，中国は 80％，インドは 68％であり，アメリカでも 50％である．石炭が多い原因は可採埋蔵量の違い(石炭 160 年，石油 40 年，ウラン 100 年)と，石炭の価格によってであろう．

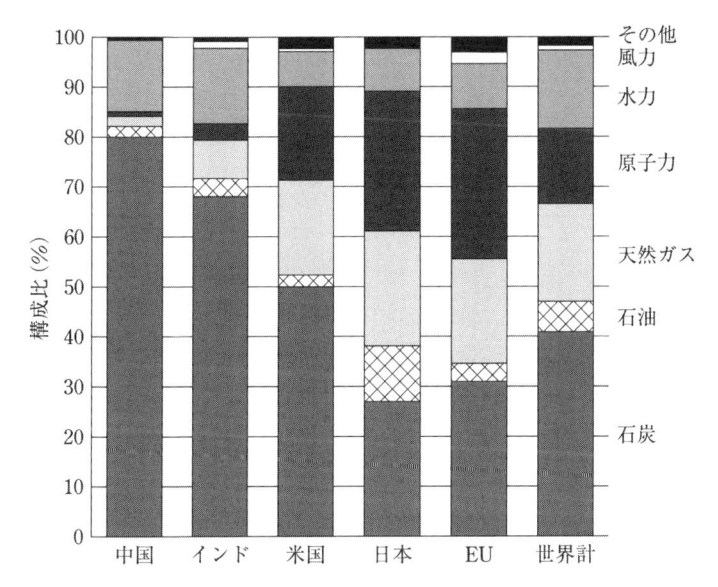

図 3.5 各国の発電用燃料使用状況（出典：IEA World energy Outlook 2008）

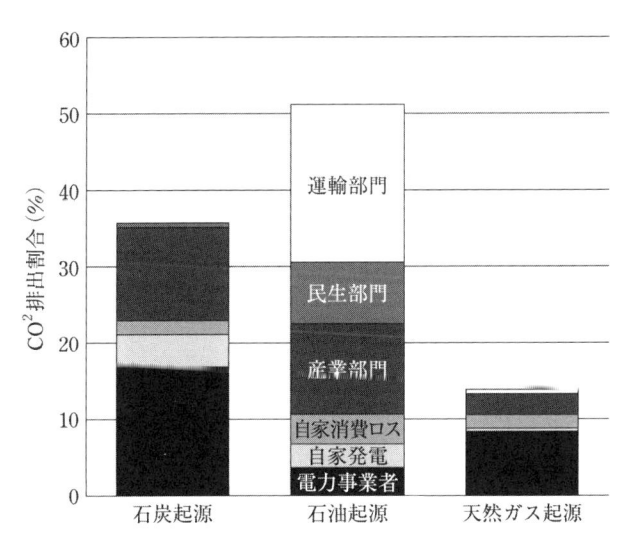

図 3.6 化石燃料起源の CO_2 排出割合（出典：エネルギー・経済統計要覧 2006 年版）

先進国の多くは自動車による消費が多いので石油の消費量が多い．日本の場合化石燃料の使用量は石油換算で 5.1 億 t であるが，このうち CO_2 排出割合から見れば，石油が 51％で，石炭が 35％で石油の方が多い．その使用内容を見ると，図 3.6 に示すように，石油からの排出量の多くは自動車を始めとする運輸部門である．石炭のほぼ 50％近くが火力発電用に使われて CO_2 を排出している．実際に火力発電用の燃料の中で CO_2 の発生量は図 3.7 に示すように，発電電力当たりでも石炭が最も多く，石油に比べてほぼ 1.3 倍になる．石炭，石油，LNG の燃焼では

石炭では　　$CH + 5/4O_2 \rightarrow CO_2 + 1/2H_2O$　　　127 kcal/mol
石油では　　$CH_2 + 3/2O_2 \rightarrow CO_2 + H_2O$　　　165 kcal/mol
LNG では　　$CH_4 + 2O_2 \rightarrow CO_2 + 2H_2O$　　　192 kcal/mol

の反応から見ると，単位エネルギー当たりでは石炭の方が CO_2 発生量が多いことが明らかである．それにもかかわらず，エネルギー資源の埋蔵量，分布，長期的安定性や価格などの観点から，今後もさらに石炭の使用割合は増加するであろう．

消費電力の中で発電量の 60％は火力発電が支えており，その発電プロセスは石炭や石油等の燃料を燃焼させてボイラにより蒸気を発生させ，高温蒸気でタービンにより発電機を回転して電力を発生させている．その熱効率を見ると図 3.8 ように，1960 年初頭は

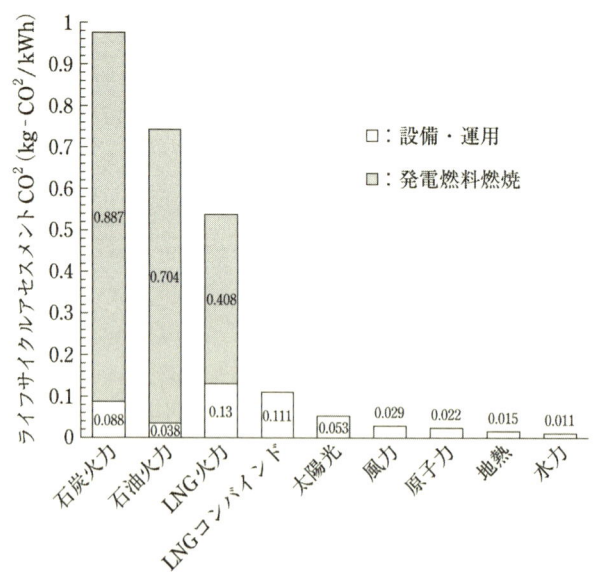

図 3.7　日本の電源種別ライフサイクルアセスメント CO_2 の比較
　　　　（出典：電力中央研究所報告書，日本の発電技術のライフサイクル CO_2 排出量評価，2000 年 3 月）

32％程度(設計値では40％)であったが，最近の日本は平均で46％(最新鋭機の設計値では59％)にまで向上してきている．しかし，インドや中国ではまだ30〜34％の低い発電効率にとどまっている．また，電力を送る場合の送電線によるロス(送電線から漏れて失われる電力)も50

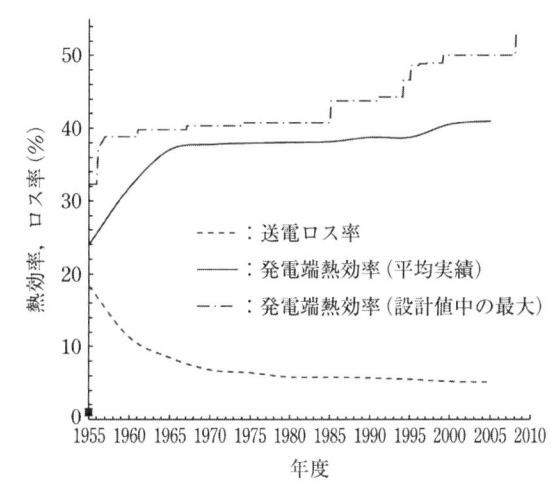

図 3.8 火力発電設備の効率と送配電ロスの推移(出典：電気事業便覧，平成18年版)

年代は24％もあった．しかし，その後高電圧化(27万5000V)や超高電圧化(50万V)などの技術的進歩によって損失は4.7％以下にまでに低下してきている．発電効率や送電効率を1％，2％向上させるのに必要な技術的進歩はこれに携わった者でなければわからないかも知れない．

火力発電所で使用する燃料の種類によって発電効率は異なるが，その根本的な理由は次の通りである．燃料中に水素(H_2)を多く含んでいる燃料ほど発熱量は多くなるので，電力当たりのCO_2発生量[g-CO_2/kWh]は石炭＞石油＞LNGの順となる．

石炭　　$CH + 5/4 \cdot O_2 \rightarrow CO_2 + 1/2 H_2O + 127 \text{kcal/mol}$
石油　　$CH_2 + 3/2 \cdot O_2 \rightarrow CO_2 + H_2O + 165 \text{kcal/mol}$
LNG　　$CH_4 + 2O_2 \rightarrow CO_2 + 2H_2O + 192 \text{kcal/mol}$

発電効率の向上の要因は多くあるであろうが，中でも1980年代になってタービンの技術が非常に向上したことであろう．火力発電における発電効率の進歩のステップを図3.9示す．従来からこの火力発電では蒸気タービンの水温は超臨界温度である374℃以上であるが，これを超えた700℃以上の高温ボイラの実現によって高効率化を達成してきた．

さらに，最近はガスタービン発電を経てガスコンバインドサイクル(Gas

石炭火力発電

ガス火力コンバインドサイクル発電
（GTCC）

石炭火力コンバインドサイクル発電
（IGCC）

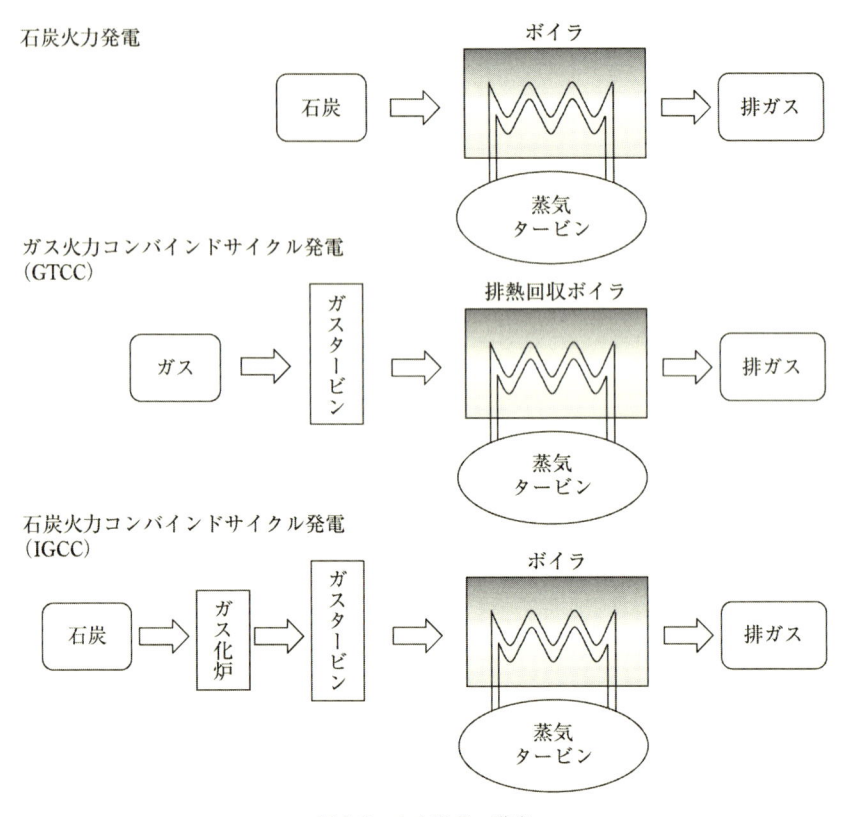

図 3.9　火力発電の進歩

Turbine Combined Cycle : GTCC)技術の台頭である．GTCC は圧縮空気と可燃性ガスを混合して燃焼させ，新鋭機では 1500℃位の高温ガスを発生さる．この高温ガスによりガスタービンを回転させ，さらにガスタービンから出てきた高温ガスを使って蒸気をつくり，蒸気タービンを回転させる．すなわち，2 段階で発電するシステムである．このように，GTCC は 1 回のガスの燃焼によって，高温部ではガスタービンを回転させ，低温部では蒸気タービンを回転させ，熱を有効に利用するシステムである．ガスタービンに入る燃焼ガスの温度を図 3.10 に示すように高くしたことも効率向上に大きな役割を果たしている．従来のガスタービンの火力発電に比べて燃焼ガス温度も最高で 1500℃ほどの高温になる．したがって石炭火力の微粉炭による発電より 20％も効率が向上して，

最新鋭の GTCC の発電効率は驚異的にも60％程度にまで上昇してきている．1500℃の高温でタービンを回転させるための技術も簡単ではない．例えば，タービンの動翼は 1500℃に長時間耐える金属はない．翼内部を空冷したり，外部表面を TBC と呼ばれる遮熱コーティングを施す等の技術を使って，タービン翼を高温で運転できるようにしているのである．このように大容量のコンバインドシステムはガスの高温化によって高効率化されているが，近年小容量の場合には電気と熱の併用(コジェネレーション)システムにより総合効率を向上させるものも使われ始めている．

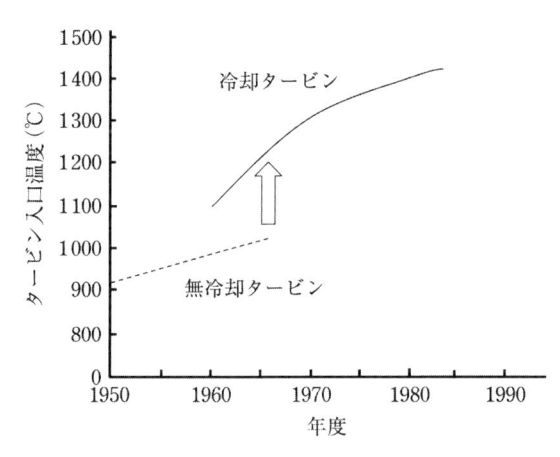

図 3.10 タービン入口温度の遷移(出典：高城敏美，発電技術の最近の動向より作成)

　日本は世界の何れの国よりもトータルとしてエネルギー効率が高い技術レベルをもっていることは図 3.3 が明瞭に示している．このようなエネルギー効率の向上はエネルギーの有効利用と同時に CO_2 排出量の削減にも役立っており，発電に多く使われている石炭火力発電効率を今後もさらに高める技術が必要である．現在まで火力発電の発電効率が向上してきたのは天然ガスによる GTCC の採用によって達成されてきた要素が大である．しかし，火力発電用で最も多く使用している燃料は石炭である．現在稼動している多くの石炭火力は石炭を細かく粉砕した，微粉炭を焚いてボイラを稼動させ，蒸気タービンを回転させる微粉炭焚き石炭火力発電である．しかし，最近は石炭をガス化する装置の開発が進められて，石炭ガス化複合発電(IGCC：Integrated Coal Gasification Combined Cycle)と呼ばれる火力発電が実稼働され始めた．IGCC は微粉炭と酸素を混合させて高温高圧のガス化炉で酸化すると表 3.1 のように，CO，H_2 を主な燃料成分とする可燃性ガスに転換される．このようにして生成

表 3.1 石炭ガス化ガスの組成例

	空気吹きガス化	酸素吹きガス化
H_2(%)	10.1	29.6
CO(%)	26.3	40.4
CO_2(%)	3.1	10.6
N_2(%)	56.1	6.6
H_2O(%)	2.8	11.8

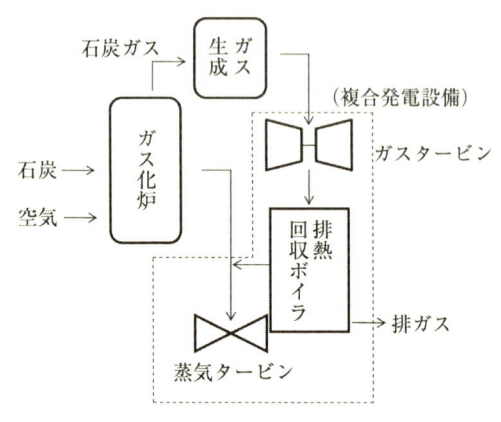

図 3.11 空気吹き IGCC のシステム概要

されたガスを燃料としてガスタービンを駆動させ,さらにガスタービンからの廃熱によって蒸気を発生させ,蒸気タービンを駆動して発電する,いわゆる石炭燃料をガス化して2段階に発電する複合発電システムである. IGCC は石炭をガス化した後, GTCC として動作させる発電システムである. 石炭ガス化 (IGCC) による発電は実稼働段階に向けて着々と進められている. 現在でもパイロットの IGCC は 48～50% の発電効率が得られるまでの技術レベルになって,今後の効率向上が楽しみである.

IGCC は石炭をガス化する装置を備えた GTCC であり,概略は図 3.11 に示すようなシステムである. 間もなく稼動するであろう IGCC の技術は 21 世紀の高効率石炭火力発電の大黒柱となる技術として活躍できそうである. IGCC を実現させることによって, ①エネルギー効率の向上による CO_2, SPM 排出量の削減, ②石炭ガスの段階で脱硫,アンモニア除去ができるので SO_x, NO_x 等の排出量削減, ③石炭火力では利用できなかった低融点の石炭も利用可能, ④燃焼後の灰の量の減少とスラグの活用等のメリットが得られるはずである. IGCC 技術は今後さらに発展すれば燃料中に含まれている水素(H_2)を使って燃料電池として作動するようにまで発展するであろうといわれており,石炭ガス化燃料電池複合発電 (IGIC) も夢ではなさそうである. IGCC は石炭を使った最も新しい省エネ技術の象徴であるが,その他にも発電技術については種々の改善がなされており,その結果図 3.12 に示すように日本の火力発電は世界でも誇れる高い効率であ

る．IGCC を採用する発電所の割合が高くなればさらに国の発電効率は高くなるであろう．世界的に見れば，石炭産出量 1 位の中国，3 位のインドの発電用エネルギー源は各々 8 割および 7 割が石炭であるので，石炭ガス化および IGCC 技術は世界の CO_2 排出源に大きく貢献するはずである．

IGCC の採用により発電効率は向上するが，さらに IGCC において，ガス化後に燃料電池を稼働させる，3 段階(燃料電池＋ガスタービン＋蒸気タービン)で発電を行

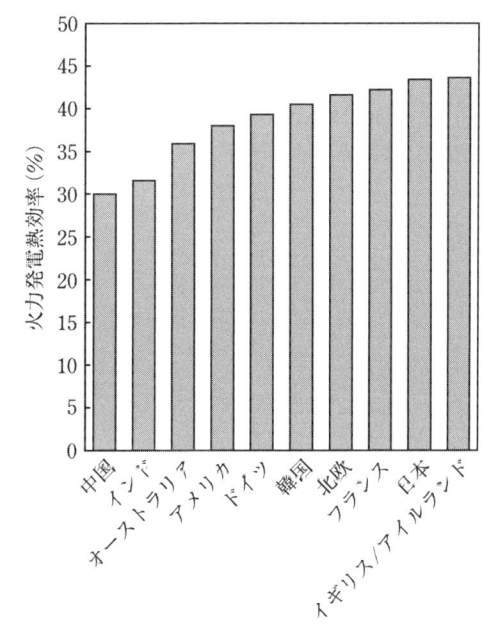

図 3.12 火力発電熱効率の国際比較(出典：石岩 Q&A，NEDO&日本エネルギー学会，2007.3，p.23.)

う，石炭ガス化燃料電池複合発電(Integrated Coal Gasification Fuel Cell Combined Cycle：IGFC)も実用化されそうである．IGFC が実用化されれば，石炭の効率は 55％にまで向上するはずである．このことは石炭の消費量は現在の使用量の 79％に減少し，したがって CO_2 排出量を 30％近く減少させることに繋がる．将来は石炭から硫黄も空気も含まれない液体燃料や水素として利用できる技術も期待できるかもしれない．石炭火力の IGCC 化等の新技術は環境対策としても大きな鍵を握っていることになる．その意味においても，日本の高効率発電技術が世界の省エネと CO_2 削減に果たす役割は大きい．

ガスコンバインドサイクル(GTCC)や石炭ガス化複合発電(IGCC)と同様に熱効率を高める技術として，蒸気タービンから排出される熱をさらに温水または熱水として再利用するコジェネレーション(熱併給)も工場，病院や温水プール等に活用されはじめている．また，一部には IGCC に対して自動車用などをターゲットに石炭の液体燃料化(CTL：Coal to Liquid)技術の実用化もスター

トしている．

3.2　自動車の燃費向上

　世界の自動車は9億台に近い台数であり，自動車を使っている人口は世界の人口の1/3であるので，ほぼ2.2人に1台強になる．日本の自動車保有台数は7000万台を越えており，1人1台に近づいている．自動車交通は旅客輸送の65％（人×kmベース），貨物輸送の61％（t·kmベース）を担っており，エネルギー消費と環境汚染の両面で大きな課題を含んでいる．

　自動車は安全であることが最優先の課題であることはいうまでもないが，燃費も重要であり，さらにCO_2排出量も大きな課題である．ガソリンエンジンは空気とガソリンを混合してこれを圧縮後に点火し，その燃焼（爆発）反応によってエンジンを回転させて動力源としている．図1.7より明らかな様に世界の化石燃料のうち35.8％は石油であり，その石油の多くは運輸分野で消費されていることは図3.6からも明らかである．

　自動車の燃費は**表3.2**に示すように，車の重量によって目標値は異なっている．しかし，実際にはどのメーカーの，またどのような車種も燃費は年々向上してはいるものの**図3.13**に示すように，未だ高い目標値に達してはいない．最近の10年でも燃費は5km/l近く高くなっている．この数値は少ないようではあるが，目覚ましい技術の進歩であり，たとえば年間2000km走り，ガソリン価格が100円/lとすれば，車1台35000円の節約になる．飛行機の効率が1％上昇すれば1機1年当たり1億円に相当する節約になるのに比べればわずかではあるが，効率向上の効果が大きい．

　ガソリンの化学的な組成は炭化水素であ

表3.2　乗用車の燃費基準目標値

区分	車両重量(kg)	目標基準値 (km/l)
1	〜600	22.5
2	601〜740	21.8
3	741〜855	21.0
4	856〜970	20.8
5	971〜1080	20.5
6	1081〜1195	18.7
7	1196〜1310	17.2
8	1311〜1420	15.8
9	1421〜1530	14.4
10	1531〜1650	13.2
11	1651〜1760	12.2
12	1761〜1870	11.1
13	1871〜1990	10.2
14	1991〜2100	9.4
15	2101〜2270	8.7
16	2271〜	7.4

引用：瀬古俊之，「自動車を取巻く排ガス及び燃費の規制動向」，自動車研究，29巻，5号，2007年5月，p.189

るので，ガソリンを燃焼させて，水（H_2O）と二酸化炭素（CO_2）のみが生成されることが理想である．完全燃焼するためのガソリンと空気の理想的な混合割合が理論空燃比（空気質量/燃料の質量：ガソリンでは 14.5～15.01）であり，図 3.14 に示すように範囲は非常に狭い．走行中常に理論空燃費であればよいが，近い状態であっても，わずかに外れて走行すると，NO や CH などが排出される．実際には完全燃焼させるために，燃焼条件としては少し燃費を犠牲にして，点火時間を遅らせたり，空燃比を変化させて，燃焼温度を変える方法などが行われている．

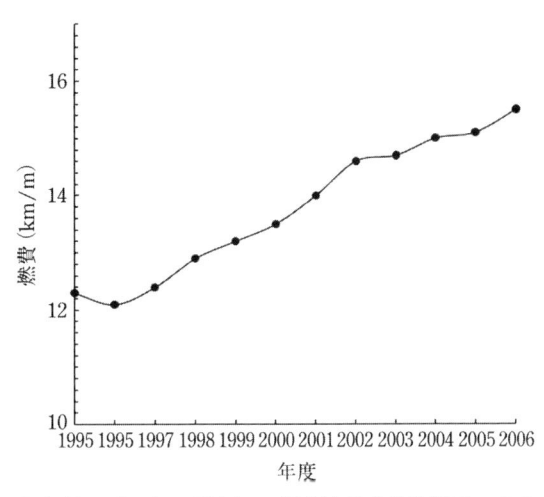

図 3.13 ガソリン乗用車の平均新車燃費推移（出典：クリーンエネルギー，2005.4）

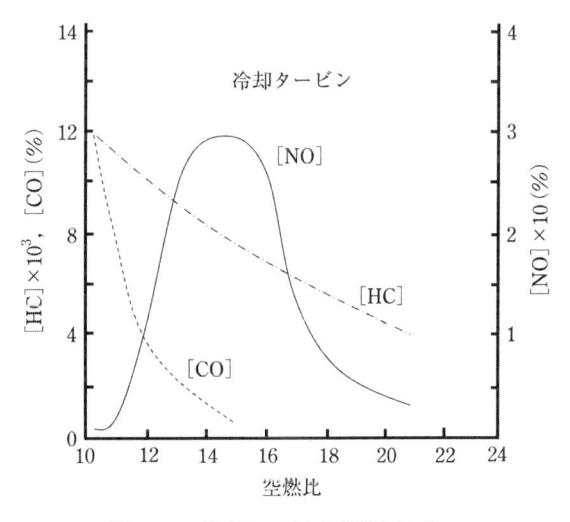

図 3.14 ガソリン車の空燃費と排ガス

ガソリン車の場合も理想的ではないので，排出ガス中には CO_2 以外のガス成分をも含んでおり，それを除去するために排ガスの後処理法として採用されている技術が三元触媒である．三元触媒はアルミナをベースに，活性な金属である白金，パラジウム，ロジウムを加えて合金にしたものである．ガソリンエ

ンジンのガス中の主要な3種類の汚染物質(CH, SO_2, NO_2)は三元触媒の中を通過させることによって同時に酸化・還元反応し,H_2O, CO_2, N_2に変換され無害となる.三元触媒は排ガス中に酸素が存在すると浄化できないため,エンジンを理論空燃費が完全燃焼の状態で作動させる必要がある.最近ではさらに高性能の三元触媒も開発されてきている.ガソリン車は理論空燃比に近い状態で走るので,三元触媒によって排ガス中のCHは酸化されて水とCO_2になり,CHは少なく,また比較的NO, NO_xや微小粉塵の排出も少ない.しかし,ガソリン車はディーゼル車より燃費が低いのでCO_2の排出量が多いことになる.

一方,ディーゼルエンジンでは高温で圧縮した空気に軽油を吹き込んで自然点火して燃焼させているので,燃費は良いが空燃比は一定になってはいない.ディーゼル車に使う軽油中には硫黄分が含まれているので,ディーゼル車の排ガス中にはSO_x, NO_xや微小粒子状物質(DEP)が多く含まれてくることになる.そのため,ディーゼル車では環境対策としては排ガスのクリーン化を実現する技術が必要である.自動車排ガス中のSO_xやNO_xを低減する技術はいまだ開発途上であり,期待されている技術としてプラズマを使った分解技術がある.

燃費とCO_2排出量は密接な関係にあることは多くの動力源でも同様であろうが,自動車ではそれが顕著である.車では燃料の種類によって図 3.15 に示すように大きな差がある.現在世界のCO_2排出量の20%は自動車が原因であり,他の大気汚染物質もほぼ同

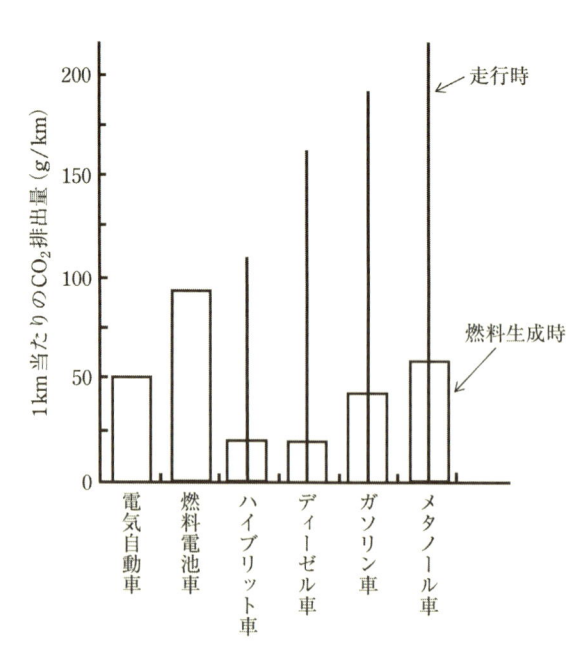

図 3.15 自動車の種類とCO_2排出量

様であろう．ここでは CO_2 について示したが，自動車は CO_2 と同時に NO_x や SO_x などの大気汚染物質も排出している．この図では燃料の生産段階と走行により排出する CO_2 を示している．当然のことであるが，電気自動車や燃料電池車は走行時には全く CO_2 を排出しない．電気自動車では電気を，燃料電池車では燃料の水素を発生する段階で排出する CO_2 がすべてである．トータルとして現在でも電気自動車はガソリン車に比べ CO_2 排出量は 1/4 以下に抑えられる．また，バイオ燃料として期待の大きいメタノール車は CO_2 排出量が多いことは大気環境的には注目すべき点であるが，カーボンニュートラル（CO_2 の発生と吸収が平衡する）な点ではガソリン車とは異なる扱いとなる．自動車に関しては動力源とするエネルギーの種類によって走行距離，パワーや燃料補給システム等いろいろな問題が未だ残されているが，各種の課題を克服して脱ガソリンは進めなければならない命題であろう．自動車の燃費の向上にはユーザーはもちろんのこと，自動車メーカーも最も関心のあるところであり，そのために電気とガソリンを併用したハイブリット車が多くなっているのは当然のことである．

最近は車のハイブリット化がさらに進み，やがては電気自動車（EV）の時代も到来するであろう．その鍵を握っているのはそのエネルギー源としての電池であり，現在主としてパソコンや携帯電話に使われている小型のリチウムイオン電池である．リチウムイオン電池は図 3.16 に示すように，正極（$LiCoO_2$, $LiMn_2O_4$ 等のリチウムを含んだ金属酸化物）と負極（C, Si 等の粉末）を電界液（有機溶剤＋Li 塩）中に対向して配置したものである．今まで多く使われてきたマンガンやアルカリ二次電池は水溶液を使っていたが，リチウムイオン電池では電解液を使っている．それは 1.5V 以上では水が電気分解してしまい，電池から高い電圧を取り出せないからである．電池を充電するか負荷に電力を供給するかの現象は電極の結晶構造中にトラップしている Li の電解液中における振舞いに依存している．

リチウムイオン電池の充放電時の動作は次の様である．充電時には正極の Li 化合物が電解液中を通って負極に達し，電子を貰って負極に貯蔵される．放電時には Li 分子は電子を渡してイオン化して液体を通って正極に達して Li 化合物となる．充放電は電解液中を Li イオンが電極間を往復することになる．

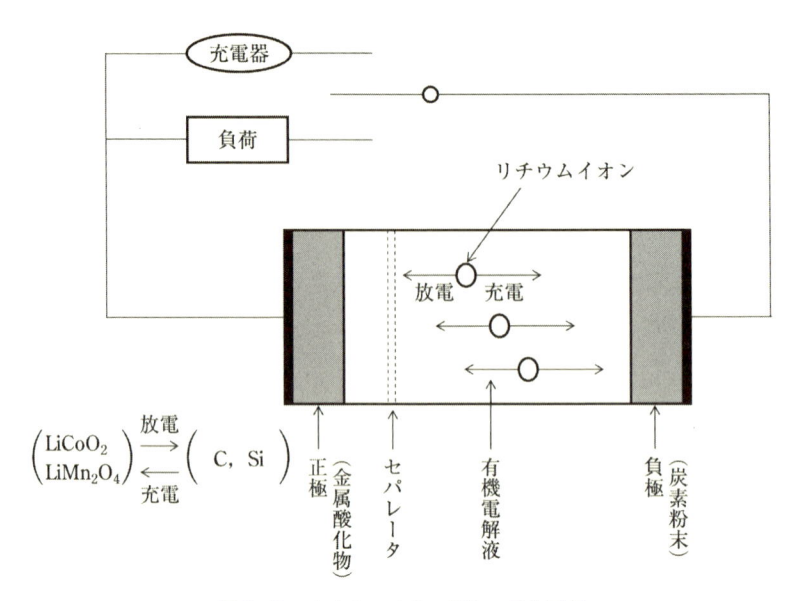

図 3.16　リチウムイオン電池の動作原理

　正極は酸素とコバルトが層状になっていて，その層の間に Li がトラップされている．負極の炭素も角型に結合して層状になっていて，その層の間に Li が吸蔵されている状態である．

　リチウムイオン電池は現在でも小型，軽量，高い電力容量などの特徴を持っているが，さらに自動車用をターゲットにして性能向上に向けた活発な研究開発が進められている．現在では自動車の寿命も 12 年近くに長くなっているので，リチウムイオン電池も長寿命化が要求され，また 1 回の充電で 160 km 走行できるまでになっている．さらに 300 km を目指しており，急速な充放電の実現も含めそれほど遠くはなく，リチウムイオン電池を搭載した本格的な電気自動車が実現することになるであろう．

　電気自動車にすれば部品も大幅に削減され，自動車の性能も向上し，振動，騒音も少なくなるはずである．電気自動車になればガソリン車に比べてエネルギーの変換効率を含めてエネルギー消費は 10 分の 1 以下になると試算されている．現在のハイブリット車でも，自動車を減速する時にモータを発電機に接続し電力を発生する，いわゆる回生機能をもたせ，燃費の向上が図られている．

3.3 家庭電化製品の高効率化

日本は技術力によって産業分野においても CO_2 排出削減には相当に貢献して成果を挙げている．しかし，未だ十分な効果であるとはいえないのが，最も身近なオフィスや各家庭からの CO_2 排出，すなわち省エネの効果である．省エネは組織としての取組みもあるが，それを越えて各個人の意識が問われている問題でもある．

一般家庭で最も消費の多いエネルギー源は図3.17 に示すように電気である．発電もルーツをたどれば化石燃料に依存しているので，電気を多く消費することは化石燃料を消費していることと同じである．電力消費は結果的に CO_2，NO_x，SO_x や SPM などの大気汚染物質を排出していることになる．したがって，家庭内で電気を節約することは大気環境汚染の抑制に貢献する大きな要素であるといってよい．

最近の家電製品のカタログには「省エネ型」，「高いエネルギー効率」や「エコ」等のキーワードが必ずと言ってよいほど添付されるようになっている．省エネ型が家電製品の一つの商品価値として評価されるようになってきたことは好ましい現象である．自動車，エアコン，冷蔵庫等のエネルギーを多量に消費する機器について「トップランナー基準」を設定することにより，家庭内で省エネを促進するために設けられたものである．

エアコン・クーラーなどの家電品の普及により家庭での電気

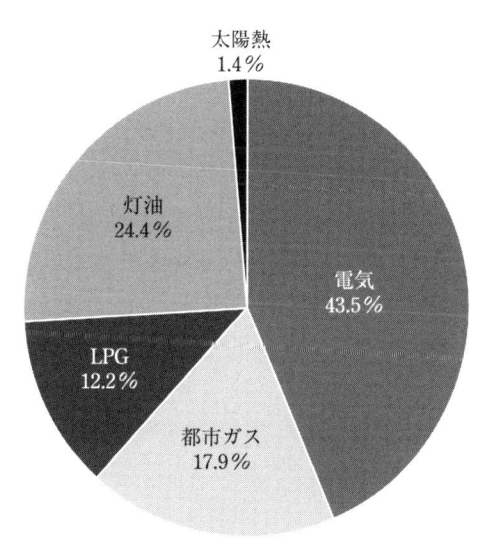

図3.17　家庭におけるエネルギー消費構成

太陽熱 1.4%
灯油 24.4%
電気 43.5%
LPG 12.2%
都市ガス 17.9%

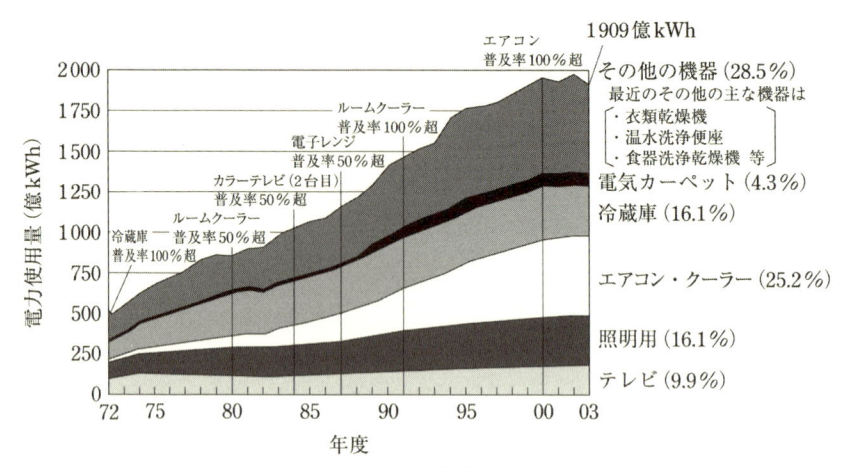

図 3.18 家庭用電力の伸び(出典：電気事業連合会，原子力エネルギー図面集 2009)

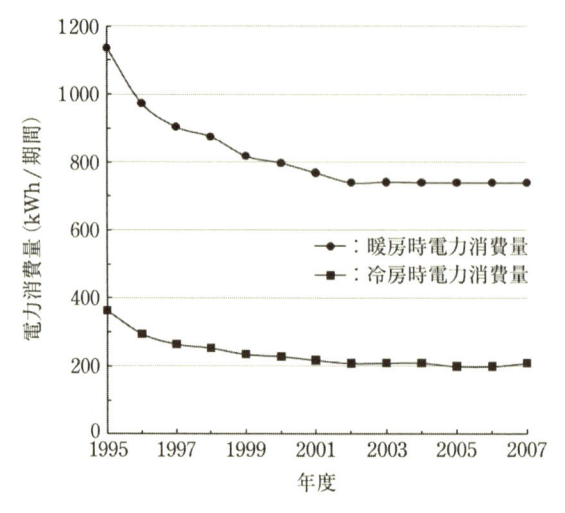

図 3.19 エアコンの消費電力の推移(出典：クリーンエネルギー，2005.4)

の使用量は**図 3.18** に示すように年々増加してきている．特に家庭の中で最も多く電力を消費しているのはエアコン・クーラーであり，冷却や暖房の原理的なプロセスは従来から変わってはいない．しかし，エアコンは従来に比べて大容量化しているにもかかわらず，同一容量でも**図 3.19** に示すように，消費電力は年々減少している．例えば 1995 年型と 2007 年型を比較すると 40％，20 年間で 50％ の省エネを実現している．これは新しいエアコンに使われている冷

媒，圧縮機や熱交換器などの材料や部品の改良によるものである．エアコンの高効率化にはさらにもう一つ大きな貢献要素がある．それは近年の住宅が断熱化と高気密化構造となっていることである．

エアコン・クーラーに次いで家庭の中で消費電力の多いのは 24 時間稼動している冷蔵庫であるが，冷蔵庫も**図 3.20** に示すようにエネルギー効率は向上し，1981 年に比べ近年では 5 倍以上に省エネ化している．エアコン・クーラーや冷蔵庫等は従来と動作原理が同じなのでステップ的ではないが，徐々に効率が改善されている．20〜30 年前と家庭用電力消費内容の大きな違いは「その他」と呼ばれる領域の割合が増加していることである．この中味は 30〜40 年前から急成長してきたコンピュータ，電気炊飯器，電子レンジや洗浄便座等の普及である．なかでもコンピュータ等の情報機器の総家電に対する割合は，2009 年に 1.4％，2010 年に 6.0％で 5 倍になり，2020 年には 20％に増加することが予想されている．またその他の中には各種家電品に安全監視や便利性のために付いている装置による待機電力の増加が大きくなっている．今では待機電力が家庭の全使用電力の 7.3％にもなっており，技術的な進歩を超えて気になる多さである．

一方，照明器具の場合は発光メカニズムの変遷とともに効率も大きく変化してきた．この傾向は今後も続き，さらに進展もしそうである．白熱電球は 130 年ほど前(1879 年)にエジソンによって発明され，1883 年に実用化された当時は「世界から夜が消えた」といわれた．それ以来，私たちの夜を照らし続けてくれた．大きく変遷してきた各種家庭電気製品の中で白熱電球は最も長年月便

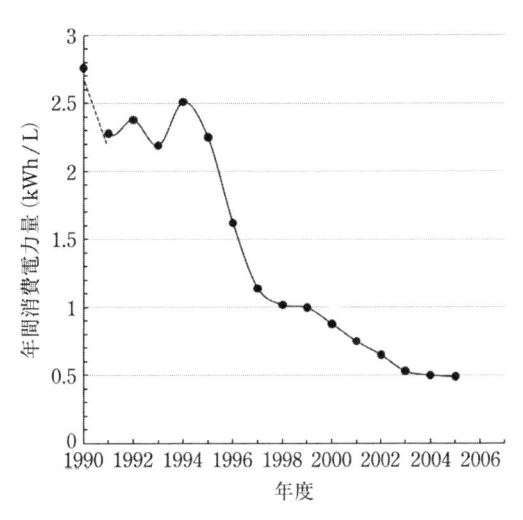

図 3.20 冷蔵庫の効率の変化(出典：省エネルギーセンター，総合資源エネルギー調査会第 4 回省エネルギー部会資料，「省エネ性能カタログ」)

利な照明機器として私たちが利用してきた．白熱電球はタングステンの細い線で作られたフィラメントを真空中で200℃以上に加熱することによって発光するが，消費電力のうち可視光として有効に放射される光の割合は 10％程度という効率の悪さである．白熱電球の球の中を真空にしているのは赤熱したタングステン線が酸化して焼き切れないためである．白熱電球は使用電力のうち 90％は熱として発散しているので，発光効率は 10％程度で低い．しかし，効率は悪いが，その簡易さと安価であることから現在まで長年月利用されてきた．家庭電気製品の中で白熱電球以上に息の長い製品は他にはないし，これからも出てこないであろう．

　白熱電球とは全く発光原理は異なるが，今の照明の主役は 1927 年に開発された蛍光灯である．最近では電球型の新しい形状の蛍光灯も多く利用されるようになってきた．蛍光灯の発光原理は水銀蒸気の中で高電圧により放電させ，この時に発する紫外光を蛍光灯の管の内壁に塗布した蛍光材料に当てることによって可視光に変換するものである．エネルギー効率は白熱電球より 3～5 倍高いが，消費電力の 70％は熱として消散している．多くの蛍光灯は商用周波数(50～60 Hz)で点灯しているが，最近はインバータを用いて高い周波数(20～50 kHz)で動作させることによって発光効率を 15～20％向上させている．この高周波で点灯する蛍光灯は Hf (High Frequency：高い周波の意味)式蛍光灯と呼ばれ，周波数が高いほど発電効率が向上するという性質を利用したものである．高周波にすることによって蛍光灯の効率は 図 3.21 に示すように向上してきている．効率は白熱電球のほぼ 5 倍に相当するまで向上し，20 W の蛍光灯で 100 W の白熱電球とほぼ同じ明るさが得られるようになった．蛍光灯の効率向上は 図 3.22 に示すように各種の技術的改善によるものだが，特に高周波化によるところが大きい．照明器具の寿命も 図 3.23 に示すように，蛍光灯は白熱電球の 10 倍で数千時間に達する．さらに LED は白熱電球の 20 倍以上の長寿命である．日本国内の白熱電球をすべてインバータ蛍光球に代えれば，省エネにより年間 50 万 t もの CO_2 が削減できることになる．蛍光灯の価格は白熱電球の 10 倍程高価になるが，消費電力と寿命の有利性が十分に理解されれば，今後さらにインバータ蛍光灯の導入は一般家庭でも加速度的に進むであろう．効率と寿命の両面から，蛍光灯や蛍光電球を使用することは私たちにとって経

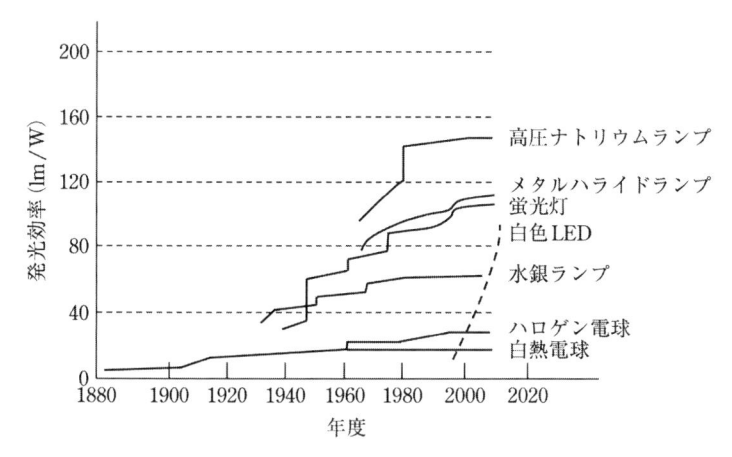

図3.21 照明器具の効率向上の推移(出典：財団法人日本照明器具工業会，カタログ，「次世代半導体照明(SSL)が開く新空間"エコ&アメニティ"」)

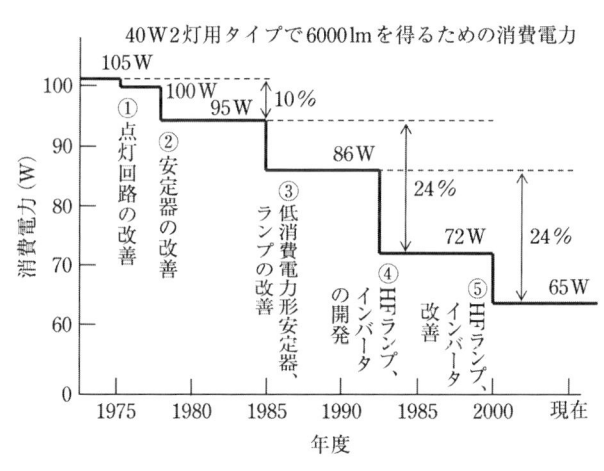

図3.22 蛍光灯器具の消費電力推移(出典：財団法人日本照明器具工業会，カタログ，「次世代半導体照明(SSL)が開く新空間"エコ&アメニティ"」)

済的であると同時に最大のエコ活動への貢献でもある．

白熱電球は発光波長が広範囲であるので，発光が感覚的にはソフトである．しかし，蛍光灯は波長が短く集中しているので暖かさがないという欠点があるため，この点の改善に向けて蛍光体も改良され，感覚的な面での性能も改善されてきている．また，最近は電球型の蛍光灯(蛍光電球)が出現し，使用個数は増加しているが，高価のためか，一般家庭では未だ白熱電球の20％にも達していない．蛍光電球は効率が高く，寿命も長いので，長期的には白熱電球より経済的である．環境を配

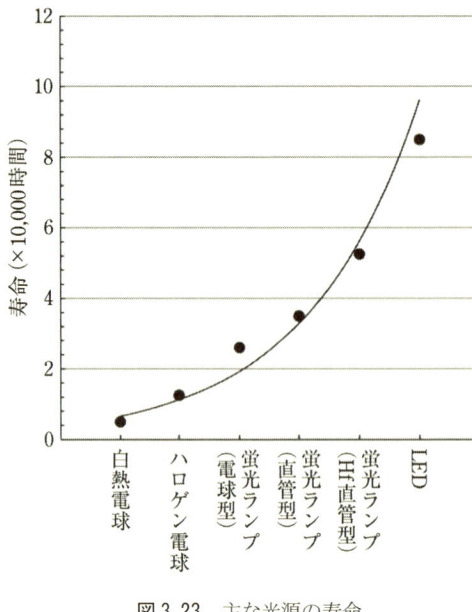

図 3.23　主な光源の寿命

慮して EU やオーストラリアでは白熱電球の使用禁止を決めている国もある．省エネの観点からその方向に進むのは確実で，日本も白熱電球の製造を 2012 年には中止することになった．今後さらに蛍光灯や蛍光電球の光の質も改善されるであろうし，現在のように効率や環境重視が叫ばれている時代であることからすると，規制しなくとも今後は家庭の中でも白熱電球が蛍光電球に加速度的に替わっていくであろう．蛍光電球にも明るくなるまでに少し時間がかかる欠点はあるが，これは技術的に短縮してきている．

さらに蛍光電球に続く明日からの照明として，発熱のほとんどない発光ダイオード(Light Emitting Diode : LED)が街路灯を始め家庭の室内照明の主体となり始めている．半導体 LED に供給した電気エネルギーが直接光に変換され，熱をあまり発生しないので，効率は高い．LED は人類が手にした第 4 世代のあかり(ローソク(炎) → 白熱電球 → 蛍光灯 → LED)として期待され，各所で使用され始めている光源である．LED 電球は輝度が十分高くはなかったが，次第に高輝度になり発光効率も Hf 蛍光灯の $100l/W$ を超え，①発光効率が高い(白熱電球の 10 倍)，②寿命が長い(蛍光灯の 3 倍以上)，③小型軽量にできる，④点滅制御が容易，⑤可視光以外の光の放射がない(紫外線を出さない)，⑥応答が速い(点灯即最大輝度)，⑦電気料が安い，⑧振動衝撃に強い，等々現在の照明器具に比べて多くの特長を持っている．すでに携帯電話，ビデオカメラなどの電子機器のバックライト，大型ディスプレイや道路表示器などの小規模の光源として多く使われており，一般家庭の照明用にも使われ始めている．

オフィスの消費電力の40％は照明で消費されており，LED照明なら消費電力は少なく，電気料は白熱電球の1/10，蛍光灯の1/2と安くなる．照明用の蛍光灯や白熱電球がすべてLEDに置き換われば照明用の電力は現在より40％節約できると試算されている．LEDは発光効率のみならず寿命も白熱電球の40倍，蛍光灯の4〜5倍の長さである．

LEDはp型とn型の半導体(Ga：ガリウム，N：窒素，In：インジュウム，Al：アルミニウム，P：リン等)を接合した半導体を透明なエポキシ樹脂で覆った素子である．p-n接合面に電圧を加えると電流が流れ，接合面で電気エネルギーが直接光に変換されて発光する(n型半導体から注入されてきた電子とp型半導体から注入されてきた正孔がエネルギーの差を超えて再結合するときに光を発する)ので，高い発光効率が得られる．発光する光の色はp-n接合の材料の組合せによって変わる．また，LEDは発光点がp-n接合の接合面であるのでフィラメントのような断線による故障がないため，寿命は図3.23に示したように，他の照明器具に比べて非常に長い．しかし，現在のLEDにも欠点があり，それは動作させるには直流電源が必要なこと，高価であること，さらに発光強度があまり強くないことである．発光強度については逐次改良がなされており，その方法の一つとしてp-n接合の接合面を増加させた(ダブルヘテロ接合と呼ばれる)素子が提案されてきている．LEDは断線がないので長寿命であることを特長としているが，それでも長時間使用すると素子が劣化して輝度が低下する．LEDは白熱電球のようにフィラメントが切れることはないが，長時間の使用で輝度が下がるので，輝度が70％まで低下した時をLEDの寿命と定義している．LEDの応用範囲は現在でも広く，携帯電話をはじめ駅の案内表示，電車の前照灯，信号機など数えきれない．

LEDは赤(波長660 mm)青(波長450 mm)緑(波長520 mm)などの比較的波長の長い可視光の範囲の発光であり，紫外領域の発光はない．しかし，白色光はエネルギーが高く，必要な発光強度をp-n接合から発光させることは難しい．そこで，次のように人間の目には白色光のように見える方法がある．①3原色(赤，青，緑)のLEDを各々同時に発光させてそれを合成する，②近赤外の光をLEDにより発光させて3原色の蛍光体(YAGと呼ばれる)に照射し発光させる，③青色LEDを発光させて黄色の蛍光体に照射して白色光を発光させる．

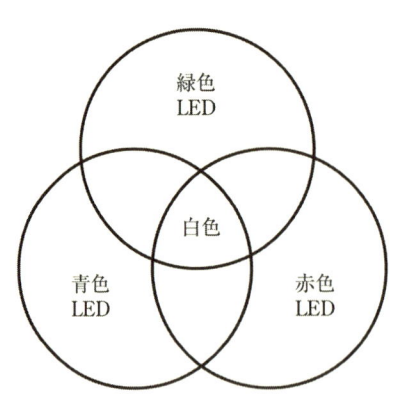

図3.24 3原色LEDによる白色化

例えば①の場合について説明すると，三原色(赤青緑)のLEDを同時に発光させると，図3.24に示すように，3色の光が同時に照らされた領域では合成されて人間の目には白色光のように見えるのである．しかし，現在白色光を得るには③の方法が安価であることから，最も良く使われているようである．発光はLEDであるが，発光後は蛍光灯と同様のプロセスである．

1962年に赤色LEDが，その後緑，青に続いて1992年には上記のように白色の発光も可能になってきた．メンテナンスフリーで数万時間にも及ぶ長寿命であると共に蛍光灯の発光効率(60〜100lm/W)をしのぐLEDの効率(115lm/W)が得られるまでになった．電気代も蛍光灯の半分という省エネ用照明光源として期待されるようになった．全く紫外線を放出しないし，動作が直流であるのでチラツキが全くないことも手伝って，将来の照明器具は蛍光灯からLEDに取って代わりつつある．日本における2030年の次世代の照明の70％はLEDに代替されるであろうと予想している専門家もいるほどである．

LEDチップが5mm(素子は0.3mm)の微小な光源であるために利用されている特殊な分野がある．それは医学の分野で活躍している内視鏡の光源である．

さらに次々世代の照明器具には半導体のLEDに代わって「有機EL照明」に展開するかも知れない．今開発されつつある有機ELは発光性のある有機物により，電子注入層と正孔注入層の接触層を構成し，これに電圧を加えることによって発光させる原理である．有機ELが発光するプロセスは半導体を使ったLEDと同様で原理的には電界発光である．一般に照明用には4000〜6000Cd/m^2(輝度：明るさの単位)の明るさが必要である．現在開発中の有機ELは輝度が1000Cd/m^{2}程度であり，照明用に使うには未だ輝度が不足であるが寿命は1万時間あり，寿命も発光効率も蛍光灯を超えている．有機ELは太陽光に近い白色光であり，天井や壁を光らせることができるので，将来の

照明器具はLEDに取って代わる可能性は十分にある．蛍光灯もインバータ式にすることによって15％節電になったし，さらにLEDになれば蛍光灯の50％，白熱灯の80％節電になる．この様に，技術的なサポートによって照明効率も一段と向上することが期待される．

白熱電球から蛍光灯のように全く異なる原理の導入も珍しくないが，同一原理でも技術による改善は極めて大きく，それは表3.3を見れば一目瞭然である．エアコンや冷蔵庫の動作原理は全く従来と変化してはいないが，相当な省エネ改善率になっている．

家電製品の中で電力消費の大きいもう一つはテレビであるが，かつてのブラウン管(CRT)を使ったテレビに対して，現在は液晶やプラズマを用いた薄型のテレビが多くなっている．ブラウン管から液晶(EL)やプラズマ(PDP)への転換技術は薄型で省スペースになったばかりでなく，エネルギー効率をステップ的に向上させた．液晶テレビでは画像が電子ビームから半導体の液晶パネルになり，消費電力の多いバックライトも光拡散板や圧電変圧器などの活用によってエネルギー効率を改善できた．プラズマテレビでは要素は微弱な放電によって発光させているが，放電の発光効率の改善に取り組み，省エネ化ができた．いろいろな改良・改善技術の推移から，テレビの消費電力はブラウン管テレビに対して液晶テレビ，プラズマテレビともに2/3に低減された．PDPでさらに1/3程度までは改善されるであろうと予想されている．また次の世代の発光パネルとして有機ELD(エレクトロルミネッセンスディスプレイ)等の研究が

表3.3 家電品のエネルギー効率の向上

家電製品	消費割合(％)	効率変化の単位	改善前	改善後	改善率(倍)
エアコン	22.2	1kW当たりの冷暖房能力(COP)	1.5(1970)	5(2004)	3.3
冷蔵庫	18.2	容量当たりの使用電力(kWh/年・L)	1.9(1998)	1.2(2005)	1.6
蛍光灯	15.9	消費電量(kWh/年)	275(旧丸型)	151(高周波)	1.8
テレビ(液晶)	9.6	消費電量(kWh/年)	238(2004)	161(2006)	1.5
テレビ(プラズマ)		消費電量(kWh/年)	495(2004)	285(2006)	1.7
温水便座	34.1	消費電量(kWh/年)	276(常時保温)	94(瞬間)	2.9

進められており，これが実現すれば液晶テレビの1/2にまで省エネが実現できそうである．

　ラジオ，携帯電話やパソコンはもちろんのこと，テレビなどの多くの家電製品において省エネが実現したが，同時に限りなく小型軽量された．この小型軽量化の象徴は電子素子であり，かつて真空管からトランジスタ化された時の変化は大きかった．今ではさらに LSI 化から超 LSI 化された．真空管時代のコンピュータは1万8千本の真空管，$160 m^2$ のスペースが必要であったといわれているが，今は同じ機能でも携帯できるようになった．かつてのブラウン管や真空管を動作させるためのフィラメントで失われる熱エネルギーは想像以上に大きいものであった．

　また，携帯電話も初登場した当時の重量は 3kg もあったが今では 100g 以下になりつつある．それも，中に収納されている機能は何十倍，何百倍にもなっているのである．70 年代の IC チップの回路の線幅は $3.5 \mu m (10^{-6} m)$ であったが現在の LSI では $40 nm (10^{-9} m)$ まで細くできる．LSI はさらに小型化されるであろうし，これ等は私たち利用者の心がけとは関係なく，製品を構成している各種の素子やパーツの研究者，開発者による汗の結晶なのである．小形軽量化は直接的な省エネの役割も極めて大きいが，省材料になり，CO_2 排出削減になるので環境的にも大きな役割を果たすことになる．

　家電でもう一つ気になる点は待機電力の無駄の大きさである．今ではあらゆる家電製品に，「即稼働可能」の機能を果たすためではあろうが，待機電力の機能は本当に必要とは思えない．待機機能が必要な程せっかちでない，ゆとりある生活にしたいものである．

　家電製品ではないが，省エネ感覚が必要だと思われるものに野菜や果物のハウス栽培に要するエネルギーがある．野菜や果物が季節に関係なく，いつでも食べられることは食生活がグルメ志向になってきたことの象徴であろう．しかし，温室栽培に要するエネルギーは，収穫された食量の熱量の 46 倍消費しているのである．実際に自然環境下で栽培したものに対して，きゅうりは5倍，トマトは 10 倍，みかんは 7 倍のエネルギーを費やしているのである．私たちのグルメ志向は天然もの（路地もの）に対してこれだけ多量のエネルギーを余分に浪費していることになる．あまり公表されてはいないが，自然の空気と水と

太陽によって育ち，熟成されたものに対して成分も違っているに違いない．その上，温室栽培に要するエネルギーの大きさを考えると，この領域には大きな省エネの必要性を痛感する．

これまで家電製品の省エネ技術を主体に眺めてきてが，これはさらに今後推進しなければならないテーマである．技術的に推進できそうなものは表3.4に示したような項目である．蛍光電球のように省エネ性能の高い家電製品の価格は従来品よりやや高めであるが，日々の電気料金を積算したトータルコストは数年で割安になることが多い．省エネした家電を積極的に利用するかどうかは私たちの心がけによってこそ成し遂げられることであり，その身近な心がけには表3.5に示されるような項目がある．この表の中で，私たちが見落としてはならない重要な点がある．それは，食器洗い機等を含めた家庭内における給湯に使われるエネルギーの大きさである．それは私たちが想像する暖房や冷房よりはるかに大きい(39%)ことである．したがって，家庭内で給湯用の湯の温度を少しでも下げることは最大の省エネに貢献することになる

表3.4 今後普及が見込まれる主な省エネルギー技術

機器分類	機器の個別技術
照明器具	インバータ制御，LED照明など
テレビ	液晶パネル，省エネ型PDP，有機ELパネルなど
エアコン	新冷媒利用，圧縮機高効率化，熱交換器高効率化など
冷蔵庫	新冷媒利用，圧縮機高効率化，熱交換器高効率化など
給湯器	自然冷媒ヒートポンプ給湯器(電力)，潜熱回収型給湯器(ガス，灯油)など

表3.5 手軽にできる省エネ・温暖化対策

どんな対策？	どれだけお得？	CO_2削減量は？
テレビを見る時間を1日1時間短縮する	年間約1160円お得	4.8kg削減
自動車に乗るときアイドリングを止める	年間2800円お得	16.4kg削減
5人家族が1日3分，水の無駄遣いをやめる	年間3100円お得	3.2kg削減
食器洗いのお湯を40℃から30℃に低くする	年間3200円お得	19.8kg削減
夏，エアコンをつける時間を1日1時間短縮する	年間約1593円お得	6.6kg削減
資源ごみをリサイクルに出す	1年間に・・・	
	アルミ缶を1日1本	18.3kg削減
	ペットボトルを3日で1本	2.4kg削減
	紙パックを2日で1枚	7.2kg削減

かも知れない．現在は過剰な便利さや各個人のエコ意識が最大の技術といえるかも知れないとさえ思わせる．

　家電製品は高効率化されているにもかかわらず，テレビがブラウン管であった当時に比べ家庭用電力消費は図 3.18 に示したように全く減少していないどころか，増加の一途をたどっている．その原因は家電製品が大容量化してきているのに加えて，最近はパソコン，食器洗浄機や待機電力が加わってきているためである．これ等の中で，待機電力だけは私たちの省エネ意識だけで実行できるので節約したいものである．

第4章　空気浄化と新エネルギー技術動向

現在人類の消費しているエネルギーの80％は石油，石炭，天然ガス等の化石燃料によって賄われているが，在来型のバイオマスも10％もある．しかし，地球温暖化と化石燃料の高騰や間違いなく近づいている化石燃料の枯渇の状況を思うと，代替エネルギーとして枯渇することのない再生可能ネルギーの開発やその導入促進が大きく期待されることは当然である．しかし，注目の風力や太陽光発電等は1％以下である．日本では「新エネルギー」，国際的には「再生可能エネルギー」，また一般的には「自然エネルギー」等と呼ばれるキーワードが頻繁に使われるようになっているが，これ等はほぼ同義語であろう．これ等の自然エネルギーの中で私たちのエネルギー源として活用しているものには**表4.1**に示すように莫大な太陽光を始め，これ以外にバイオマスや廃棄物などのリサイクルがある．資源と環境の問題を同時に解決できるのは自然力に加えて技術の力であり，これ等のカーボンニュートラルなエネルギー源に大きな期待が寄せられている．世界各国が再生可能エネルギーの導入に熱心に取り組んでいるが，将来的に掲げる目標は**図4.1**に示すように非常に高い．環境的に安心できる社会は再生可能なエネルギーで人類が真に必要とするすべてのエネルギーを賄うことが理想であることは疑う余地のないことである．それは今後世界の人口の増加と生活レベルの向上による消費エネルギーの増加にも対応できるものでなければ安心はできない．現実には自然エネルギーを最大限に活用しても人類が必要とするエネルギーの数％であろうとも言われている．しかし，自然エネルギーを可能な限り有効利用する努力や工夫は必要である．

新エネルギー利用の現状と目標を資源エネルギー庁は**表4.2**に示すように掲げているが，新エネルギー開発機構（NEDO）の長期的なロードマップでは新エネルギーのコスト目標を2020年に14円/kW，2030年には7円/kW（現在の電力料金）に定めて，わが

表4.1　地球上の自然エネルギー源

資源	熱量(kcal/s)	電力(kW)
水力	5×10^8	2.1×10^{12}
潮汐	7×10^8	2.9×10^{12}
地熱	7.7×10^9	3.2×10^{13}
風力	8.8×10^{10}	3.7×10^{14}
太陽光	4.2×10^{13}	1.7×10^{17}

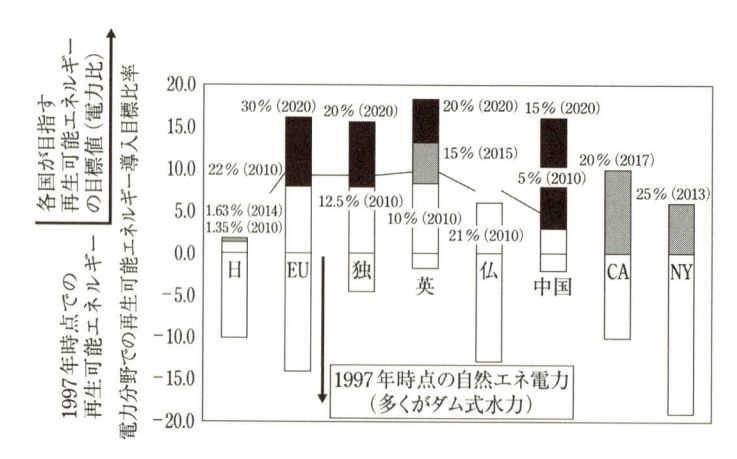

図 4.1 世界各国が目指す再生可能エネルギーの高い普及目標（出典：環境エネルギー政策研究所）

表 4.2 新エネルギーの実績と目標

		2002 年度		2010 年度	
		原油換算	設備容量	原油換算	設備容量
発電分野	太陽光発電	15.6 万 kl	63.7 万 kW	118 万 kl	482 万 kW
	風力発電	18.9 万 kl	46.3 万 kW	134 万 kl	300 万 kW
	廃棄物熱発電＋バイオマス発電	174.6 万 kl	161.8 万 kW	586 万 kl	450 万 kW
熱利用分野	太陽熱利用	74 万 kl		90 万 kl	
	廃棄物熱利用	164 万 kl		186 万 kl	
	バイオマス熱利用	68 万 kl		308 万 kl	
	未利用エネルギー	5 万 kl		5 万 kl	
	黒液・廃材等	471 万 kl		483 万 kl	
総合計		991 万 kl		1,910 万 kl	

引用：資源エネルギー庁資料

国の全電力の 10％を太陽電池で賄おうとする目標を立てている．自然エネルギーの全エネルギーに対する割合は現在未だ極めて低い状態にある．しかし，電力の安定供給と環境的な観点からはむずかしいハードルではあるが，この目標は何としても超えたいものである．

エネルギー源を歴史的に見れば，人力エネルギー（僅少であるが），太陽エネルギー（水力＋風力＋太陽電池），化石エネルギー（石油＋石炭で有限）と進展し

てきた．しかし，今後は原子力や核融合発電を経るにせよ最終的には次世代の技術開発力により太陽エネルギーを主体とした新エネルギーの比重が高くならざるを得ないであろう．以下に自然エネルギーの主要な四つのテーマについてだけ方向を示すが，その他にも太陽熱や湖沼，潮流，波浪等の海水エネルギー等々の利用もある．

使用電力は1日や時期によって変動するため，それに対応するため過剰に電力を発生することとなる．これに対して，スマートグリッドという方式が提案されている．人工知能や通信機能を使って，電力需給を自動的に人手を介さずに最適化する手法である．具体的にスマートグリッドは既存の電力設備の効率の向上，自然エネルギー導入制御，電力の安定供給や環境負荷低減，蓄電設備の利用等を含めた総合的な電力制御システムである．このシステムに期待して次世代の究極の自然エネルギー活用による社会を目指したいものである．

4.1 太陽光発電

太陽電池は1954年にアメリカで開発されたが，実際に使われたのは1970年に宇宙船に搭載されたのが最初である．太陽電池開発から50年たったが，オイルショック(1973年)を契機に化石燃料の代替エネルギーとして研究開発が活発化されたことにより技術的な進歩が促進されてきた．無資源国日本にとっては太陽光発電によるエネルギー源に対する期待は非常に大きいが，私たちの必要なエネルギーの大部分を担うようになることは難しいかも知れない．しかし，太陽がある限りサスティナブルであり，温暖化ガスを全く排出しないエネルギー源でもある．全電力の数％でも，エネルギー源であると同時に温暖化防止に対する効果は大きく，環境的にも大きく期待されている．

太陽の内部は1500万Kであるが，表面の温度は6000Kとなり，太陽が放つ総光エネルギー3.85×10^{20}Wの22億分の1だけが1.496×10^8km離れた地球上に降り注いでいる．その結果地球上に達しているエネルギーは表4.3に示したように，5.5×10^{24}J/年($\fallingdotseq 1.77 \times 10^{17}$W)で，現在全人類が消費しているエネルギーの1万倍という桁外れに多いエネルギー量である．地球上で植物の光合成に使われているのは地球に到達しているエネルギーの0.02％(4×10^{13}W)のわずかな量である．地球に埋蔵されている全化石燃料のエネルギー量は太陽

表 4.3 太陽エネルギー量

	年間当たりのエネルギー [J/年]	電力[W]
放出エネルギー	1.2×10^{34}	3.8×10^{26}
地球への照射量	5.5×10^{24}	1.8×10^{17}
地球表面への供給量	3×10^{24}	9×10^{16}
人類のエネルギー消費量	3×10^{20}	9×10^{13}
地球上の光合成量	3×10^{21}	9×10^{14}
全化石資源量	地球表面供給量×10日	—

から地球表面に照射されているエネルギーの10日分にしかならない微々たる量なのである．1時間に太陽から降り注がれている全エネルギー量は世界中の人類が1年間に消費しているエネルギー量に相当する．太陽が地球上に供給しているエネルギーの大きさには驚かされる．

　地球上で植物が光合成に使用している太陽エネルギーは人間が消費しているエネルギーの10倍も多い．地表における太陽エネルギーの密度は $1 kW/m^2$ に相当し，密度は高くはないが莫大で恒久的なエネルギー源である．地球上にある砂漠の4％の面籍を占めるゴビ砂漠の半分に太陽電池を敷き詰めたと仮定すれば，世界で必要としている電力をすべて賄える計算になる．さらに付け加えるなら，太陽エネルギーは地球上のどこでも平等に得られるクリーンな，まさしく自然が多分永久的に与えてくれる恵みのエネルギー源なのである．太陽エネルギーを地球上で利用するには昼夜，雲，季節などにより変化するのが最大の難点である．もう一つ活用面での難点を挙げれば，実際に太陽から地球に供給されているエネルギー密度は大気圏では $1.38 kW/m^2$ 程度，地球表面では $1.0 kW/m^2$ 程度の低さである．そのため大量のエネルギーを得るには莫大な面積が必要となる．しかし，この表面エネルギー密度の低いことは私たちにとっては幸いなことと言ってもよいかも知れない．なぜなら，表面エネルギー密度がもっと高かったら，地球表面は強い紫外線で，なおかつ高温度となり，人間にも動植物に対しても致命的な影響が及ぶ条件になるからである．この点を考えると，現在の低いエネルギー密度はまさしく幸いであったといえる．換言すれば，現在の太陽光の強さにマッチした動植物が現在生存しているといっても良いであろう．太陽光発電を CO_2 削減の観点から見ると，$1m^2$ の太陽電池（効率10％として）の設置は $54 m^2$ の森林面積の木が吸収する量に相当するといわれており，太陽電池が CO_2 削減に対してもいかに有効であるかが伺える．ま

た，世界の太陽電池セル生産量は2006年2.5GWであり，2007年には3.7GW増加し，50％近い伸びとなった．

　日本でも将来のエネルギー源として大きく期待しているのは太陽光発電と風力発電である．太陽光発電は太陽電池セルで直接光を電気に変換するシステムである．太陽電池は最初灯台や人工衛星に使われたが，1994年頃から本格的に住宅用に使われるようになった．実際に日本の太陽光発電は**図4.2**に示すように，年々導入量が増加している．それでも自然エネルギーによる電力量は未だ全電力の0.7％に過ぎずわずかである．日本は近年中に現在の全電力のほぼ2倍に引き上げるように計画を推進している．太陽光発電の導入量が年々増加するに伴ってその価格も急激に下がってきているのが目立つ．この傾向が続けば何れ発電コストも化石燃料と比肩できそうである．

　長期的には再生可能エネルギーを増加させることは化石燃料を削減する技術でもあり，この目標を達成するためには社会全体がエネルギーに対する感覚を

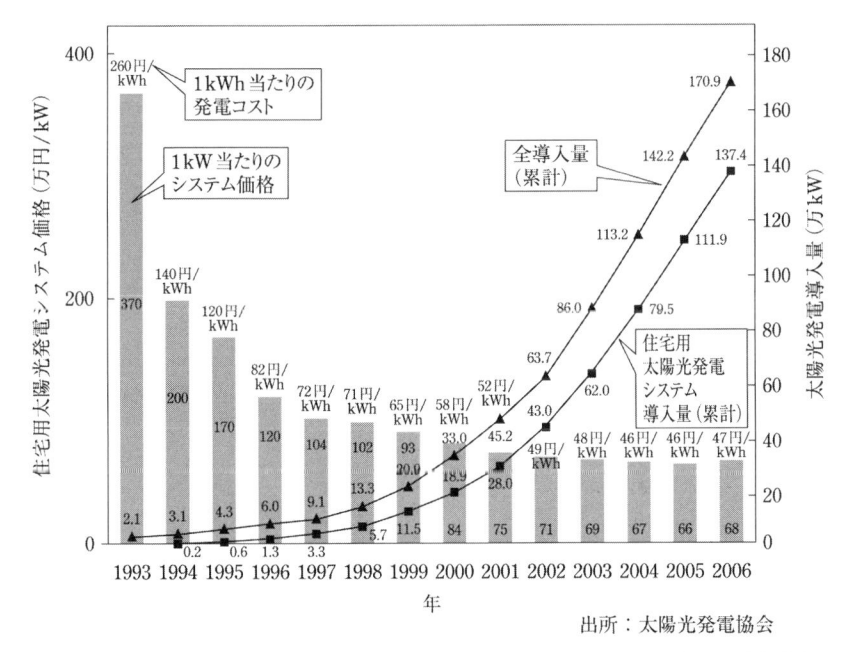

図 4.2　太陽光発電の導入量とシステム価格，発電コストの推移(出典：経済産業省資源エネルギー庁：日本のエネルギー2008, p.22)

変えることが必要となろう．自然エネルギーの利用を今後さらに高めることは必須条件であり，そのためには太陽光発電を支える電池の性能とコスト低減および素子の光→電気変換効率を向上させるための技術開発を至上命令として，強い決意で推進する必要がある．

　日本は太陽光発電に必要な太陽電池を主に大手メーカーに生産させており，図4.3に示すように1999年には世界一の生産量となった．その後も30〜60％の高い成長率を示し，2005年には600MWに達した．世界の生産量の1/2は日本製となり，日本の主要メーカーの生産量は4GWを超える見通しになった．世界的に見ても太陽電池の生産量は1994年以降2年毎に倍増というハイペースで増えている．しかし，図1.13に示した予想から見れば，全消費エネルギーに対する太陽光発電の割合は2010年には0.01％程度であり，グラフには表れない程の微々たる貢献度しかない．世界における太陽電池生産では日本の大手3社を抜いてドイツのベンチャー企業のQ-セルズ(Q-cells)が先頭に躍り出ている．今後は中国が急成長し世界のトップになると予想されている．一方太陽電池の導入では図4.4に示すように近年急速に増加している．2004年まで日本が世界で生産量も導入量もトップを走っていたが，それ以降の導入量はドイツがトップに立った．この逆転現象の原因は，2006年度における10年間続いた補助制度の廃止である．日本では1994〜2001年の間は太陽光発電の推進に

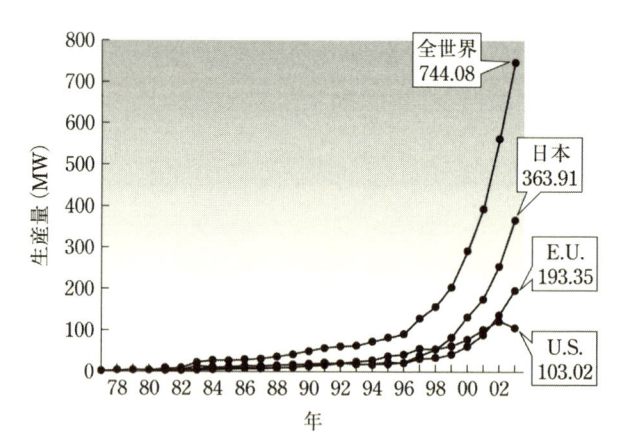

図 4.3 世界における太陽電池生産量(出典：APEC 環境技術交流バーチャルセンターホームページ)

向けて，設置時の補助金制度が設けられていた．この補助制度によって太陽電池の性能も向上し，またシステムの価格は 11 年間で 3400 円/W から 665 円/W に引き下げる役割も果たし，導入量を増加させた．発電素子の価格もここ 30 年間で 1/100 になった．しかし，その後の補助制度の廃止により日本での設置量は失速した．この状態の反省の上に立ち，日本は再び補助制度を復活させた．

一方，ドイツでは 2005 年に電力会社に対して，太陽光や風力を含めた自然エネルギーによる発電電力の高価買い上げ制度「固定買取制度(フィード・イン・タリフ：F・I・T)」を導入

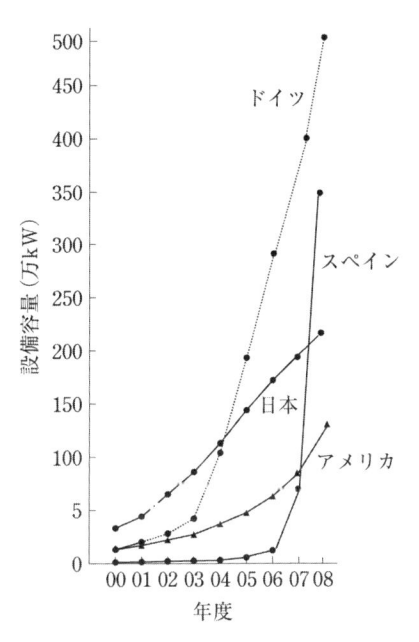

図 4.4　各国の太陽電池の累計導入量

した．F・I・T は太陽光，風力，バイオを含む再生可能エネルギーによる発電電力を全て電力会社に買い取らせる制度である．ドイツではその結果 1 kW 当たり 84 円もの高い電気料金となり，日本の 10 倍以上となった．ドイツは太陽光発電の設置量は増加したが，その結果，国全体の電気料金が高くなり，製造業を中心とする企業が生産拠点を外国に移す例も出てきている．しかし，自然エネルギー導入による電気料金の値上げは将来的な見地から国民の理解が得られつつある．

太陽光発電モジュールの価格と変換効率をもう少し改善して，日本もドイツの例のように企業の海外脱出にならない手法で太陽エネルギーを活用できるようにすることが，太陽電池開発技術者・研究者を含めた関係者の使命である．その取組みとして，日本も再び太陽電池に関する技術の向上に資するための補助制度を国も地方自治体も再開した．日本の制度は「RPS (Reneuable Portfolio Standard)制度」，または「新エネルギー等利用促進法」と呼ばれる制度であり，ドイツの制度(再生エネルギーでの発生電力をすべて買い取る制度)とは異

なり，買い取る電力を太陽光発電に限定し，各家庭で余剰になった電力に制限している．その結果，電力会社による電力の買取り価格は 24円/kWh，ただし住宅等に設置された太陽光発電の余剰電力のみを 50円/kWh で買い取ることとなった．ドイツの二の舞は踏まないための配慮である．今後は価格は別として，日本も太陽光発電に加えて，風力や中小水力，等による発電も加えた電力の全量買い取り制度が必要になるであろうし，その方向に向かうことになるであろう．

太陽電池には従来から単結晶のシリコンを始め使用する材料によっていろいろのタイプがあるが，それ等の年次生産は図4.5 に示すように増加してきている．しかし，発電量から見ると世界では全消費エネルギーの 0.01〜0.02％に過ぎず，日本でも未だ 0.1〜0.2％程度である．現在でも太陽電池の主流はシリコン単結晶型が多いが，シリコンが高価であることもあり，最近はシリコンをあまり使わず，高い変換効率が得られるタンデム型や HIT 型(いずれもアモルファス Si と微結晶 Si の薄層を 2 層で構成した素子)，また化合物半導体を使った CdTe(カドミウム・テルル)や銅(Cu)，インジウム(In)，ガリウム(Ga)，

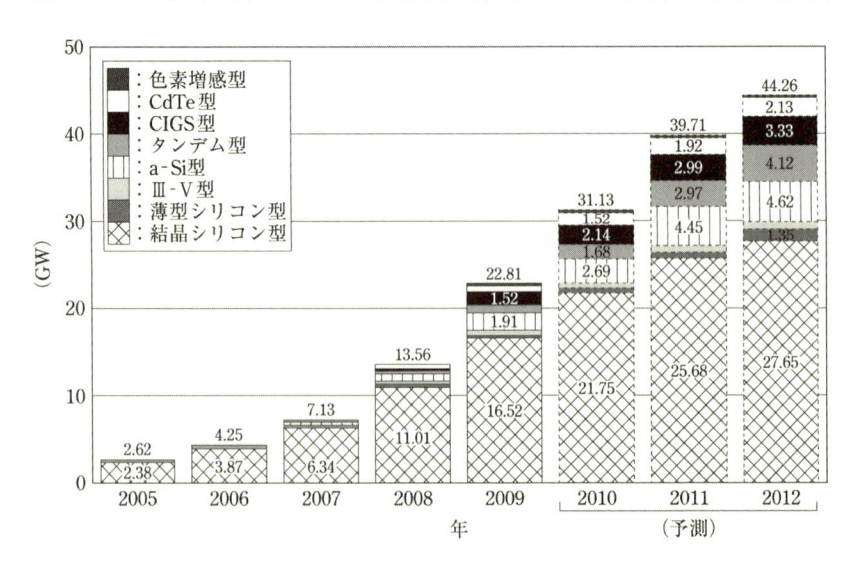

図 4.5 世界のタイプ別太陽電池生産能力(出典：日経マーケット・アクセス「エレクトロニクス IT レポート」，「世界の太陽電池生産能力 2012 年が転換点 中国と台湾は積極投資続ける」2010.5.12)

セレン(Se)を原料とした CIGS と呼ばれる太陽電池が増加しつつある．

今後の日本の太陽電池技術を進展させ，電気料金は 2020 年には業務用並のコストである 14 円/kWh，2030 年には一般家庭用並のコストである 7 円/kWh，さらに 2059 年にはさらに低価格を達成しようとしており，エネルギー源としての活用はさらに期待できそうである．

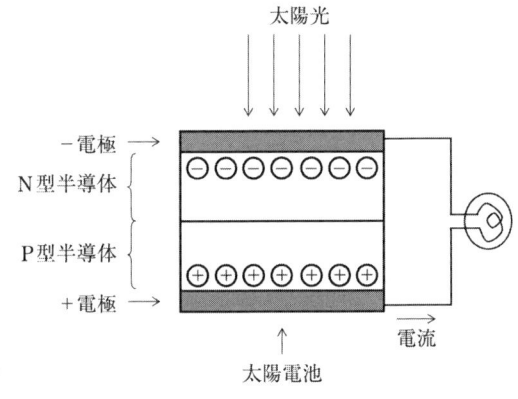

図 4.6　太陽電池の作動モデル

現在のシリコン太陽電池セルはモデル的には図 4.6 に示すような半導体を組み合わせた構造になっていて，素子を構成している材料は現在までは主に変換効率の高い(24.7％)単結晶シリコンによる p-n 接合であったが，次第に多結晶シリコン(20.3％)になってきている．

シリコン太陽電池の発電原理は専門的には難しいが簡単に説明すると次のとおりである．半導体では電子の詰まっている価電子帯(E_r)の電子に光を照射してエネルギー(E_g)を与えると，電子は自由に運動できる伝導帯(E_c)に移り，($E_g > E_c - E_r$)（シリコンでは $E_g ≒ 1.1$ eV）起電力を発生することになる．地球上における太陽光の波長スペクトルから見るとシリコンは，$E_c - E_r =$ 1.4 eV において最高の理論効率を示す材料であり，その時の効率が理論上の上限であり，32％になるはずである．植物が光合成によって有機物生成するときのエネルギー効率は最大数％，普通は 0.5％とされているので，これに比べれば格段に高い効率である．

原理的に結晶性シリコンは発電効率の高い材料ではあるが，品不足と高価のため，近年の太陽電池の多くは結晶性ではない(アモルファス)シリコンで作られるようになってきた．また，さらに最近はシリコンが品薄となり，高価なシリコンを節約するためもあり，素子の薄膜化が進められている．最近ではシリコンを 1/100 mm の厚さとする太陽電池の開発が積極的に進められている．

さらに最近ではシリコンをまったく使わない GaAs(ガリウムヒ素)，CIS(Cu・In・Se_2：銅・インジュウム・セレンの合成膜)や CIGS(Cu・In・Ga・Se_2：銅・インジュウム・ガリウム・センレの合成膜)型と呼ばれる化合物半導体の太陽電池の性能が注目されている．CIS や CIGS は有害なカドミウム(Cd)や鉛(Pb)を全く含まないので安全であり，高温でも発電量が変わらないという特徴も持っている．構造的には図4.7 に示すとおりであり，CIGS は Si に比べて光の吸収率が 100 倍も高い．シリコン型では 200〜300 μm の厚さであるのに比べて 2〜3 μm に薄膜化されている．これ等の変換効率は現在 13％くらいであるが，20％に達した例もある．また，さらに最近は種々の新しいタイプの太陽電池が開発されつつあり，これ等には①高いエネルギー変換効率，②フィルム化(薄膜化)，③低コスト化，④長期安定性等が期待できそうな物が多い．その一例として図4.8 に示すように，ヨウ素電解液を用いた色素増感太陽電池(Dye-sensitized Solar Cell D.S.C)がある．この DSC 電池は二酸化チタンに吸着した色素が太陽光を高い吸収率で吸収し，電子を酸化チタンに与えて電圧を発生させる原理である．色素増感用に用いる色素にも，広範囲の波長域で光を吸収する色素が次々に開発されている．太陽光による酸化還元反応を伴っているので，自然界の光合成とも呼ばれている．また，有機薄膜太陽電池などの新しい太陽電池も変換効率はすでに 6％に近くなっており，近年中に 10％を超えそうで，注目され始めている．太陽光の波長域が 0.3〜2.0 μm であることから薄膜太陽電池を数層に重ねた構造にすることにより 30％近い高い変換効率が得られ，さらに集光タイプにすれ

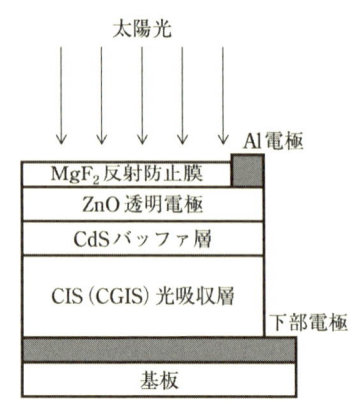

図4.7　CIS(CIGS)太陽電池の構造

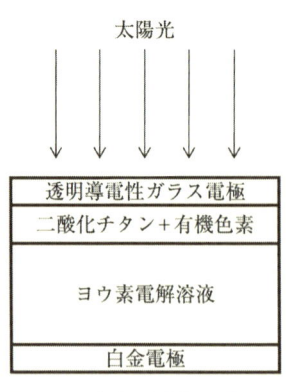

図 4.8　色素増感太陽電池の構造

ば40％の変換効率が得られるような成果も得られている．理論的にはさらに層数を増やし，また集光装置によってモジュール数も抑えられ変換効率も向上することになる．このように現在でも多層化，集光化，コストの低減化等が積極的に進められているので，太陽電池の今後の成長に大いに期待したい．

次々に新しく開発された太陽電池セルが牽引して現在ではエネルギー変換効率は何れのタイプの太陽電池も図4.9に示すように年々高くなって来ている．しかし，シリコン系材料で作った太陽電池はエネルギー変換効率が単結晶型で最高24.84％，多結晶型で最高29％，DSCの試作では20％程度である．なぜこれ以上ステップ的に変換効率が上昇してないか．それはp-n接合しているシリコンは1.13μm以下の短波長域に対しては反応するが，可視光領域は応答しない性質があるからである．

$LCCO_2$では単結晶シリコン型太陽電池では350g/kWh年であるのに対してDSC電池では33g/kWh年，とCO_2削減にも大きく役立つことになっている．現段階で実用化されているセル製造コストは100円/W，発電コストは45円/kWh程度で，未だ家庭用電気料金の2倍であり，他の発電方式に比べると高価である．結晶シリコンによる第一世代から薄膜型(非結晶系等)の第二世代を超えて，最近は第三世代に入っている．この第三世代はアモルファス(非結晶質)と微結晶セルを重ね合わせた太陽電池(タンデム型やHIT型)や有機系太陽電池であり，短波長から長波長に渡る広範囲の光を有効に電気変換する．波長域の広い光を有効に電気に変換するため，光の吸収波長の異なる太陽電池を一つに纏めたのが多接合太陽電池である．多接合型では光の全波長をカバーするまで

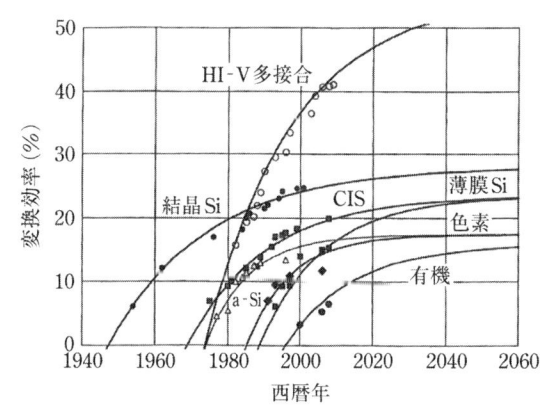

図4.9　各種太陽電池の光変換効率向上の変遷と今後の予想曲線(出典：山口真央，太陽電池の高効率化の現状と将来展望，科学と工業，2010.1, vol. 63-1, p.18)

段数を増やせば理論上の効率は60％を超える筈である．いまだ高価であるが高効率であり宇宙ロケットなどには使われるまでには成長し今後が有望視されている．また，素子の変換効率向上も重要であるが，太陽電池の発電量はパネル面に光が直角(90°)に入射する場合が最も大きいので，パネル面をヒマワリのようにし，太陽の位置に合わせて回るようにコントロールする方式も考えられている．

これらの新しい光電気変換セルによりさらに高い変換効率が実現されれば，コスト的にも火力や原子力よりも有利になることが期待される．タンデム型太陽電池が今後特に期待されるゆえんは，受光面積が広く，安価であり，光の吸収係数が大きいため，現在でも変換効率17〜18％が得られているからである．今後の研究開発によって変換効率は40％程度にまで向上する可能性が見込まれている．太陽電池は使用する材料やその構成によってその変換効率や製造コストが大きく異なっており，何れも今後の導入を支配する要素であろうが，現在までの状況をまとめて**表4.4**に示す．

表4.4 太陽電池材料

分類	材料	構造・製法	実測変換効率(%)	コストの優位性
Si系	単結晶Si	単結晶p型Si層上にn型Si層をドープする	25.0	×
	多結晶Si	多結晶p型Si層上にn型Si層をドープする	20.4	△
	アモルファスSi	CVDプロセスでp層，i層，n層を成膜する	9.5	△
化合物系	GaAs	有機金属気相成長法	26.1	×
	CdTe	n型のCdS層上にp型CdTe多結晶層を形成する	16.7	△
	CIS/CIGS	CIS/CIGS層を蒸着成膜する	19.4	△
色素増感系	色素，半導体，電解質	電解液中に色素を吸着したTiO_2電極をおく	10.4	○
有機薄膜系	フラーレン，ポリマー	p型ポリマーとn型のフラーレンなどを混合して塗布する	5.2	○

引用：文部科学省科学技術政策研究所，「科学技術動向」, 2009.12, NO.105, p.11

世界中で最も広いサハラ砂漠に10％の効率の太陽電池を敷き詰めれば世界の使用電力の200倍に相当する電力が得られるとの試算もある．コストや規模の問題はあるが，世界中で必要な電力はすべて太陽電池で賄うことも全くの夢物語ではなくなるかも知れない．しかし，現在無資源国に近い日本に限って言えば，水力，風力，太陽熱などを合わせた全自然エネルギーによる自給率まだ4％に過ぎない．現在最大限多く見積もっても，日本では全エネルギーの20％以上を自然エネルギーにすることは期待できないであろうと試算されている．

実際に一般家庭の住宅用の太陽光発電セルを始め周辺機器も含めてコストは図4.2に示したように年々安くなっている．太陽電池素子の製造コストは20年前からでは1/100になっているが，他の発電方式に比べると図4.10に示されるように太陽電池は発電単価が高い現状にある．2030年には日本も太陽光発電が積算で100GW程度導入され，総電力の10％を目指している．現在の太陽電池の変換効率は火力や原子力発電のコストの数倍であるが，2030年に

の種類と特徴

メリット	デメリット
高効率，高信頼性である．	大量生産に不向き．高コスト，原料価格の変動，変換効率が限界に達している．
単結晶Siに比べて低コスト．高効率，高信頼性である．	単結晶Siに比べて低効率である．原料価格が変動する．
Si材料の使用量が比較的少ない．単結晶Siに比べ低コストである．	単結晶Siに比べ低効率である．光により劣化する．
高効率，宇宙空間の放射線にも耐えられる．	成膜速度が遅い．毒性のあるAsを使用する．高コスト．
製造法が多様である．バンドギャップ値が発電に最適である．多結晶Siに比べ低コストである．	毒性の強いCdを用いる．Te資源量に依存する．
光吸収率が高い．	In資源に依存する．
大気開放化でも簡便なプロセスで製造可能である．着色・透明化できる．室内光程度でも発電特性を維持できる．	紫外線によって劣化する．
最も薄く，安価な塗布プロセスで製造できる．	紫外線により劣化する．効率が低い．

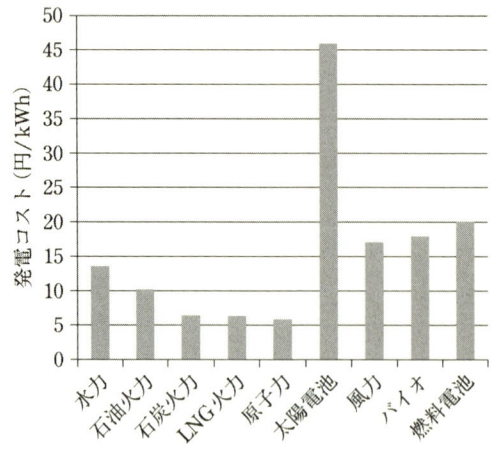

図4.10 エネルギー源と発電コスト

(グラフ: 発電コスト (円/kWh) — 水力 約14, 石油火力 約10, 石炭火力 約6, LNG火力 約6, 原子力 約6, 太陽電池 約46, 風力 約17, バイオ 約18, 燃料電池 約20)

表4.5 太陽光発電の特徴

1	無尽蔵で乱活しない
2	CO_2 を排出しないでクリーン
3	安定的に供給できる
4	昼間のピーク電力時に発電量最大
5	分散型で送電ロスが少ない
6	可動部がなく,メンテナンスが容易

は発電コストを7円/kW位に向上させることを目標にしている.量産の拡大と製造技術の向上により変換効率の向上やコストの低価格化は今後まだ期待できそうである.

今後のエネルギー状況を考えると,化石燃料の枯渇がさらに深刻化し,太陽電池のエネルギー効率の向上なしには,自然エネルギーへの大転換は難しいかも知れない.太陽電池には他の各種のエネルギー源にはない表4.5 に示すような特長があることを考えると,変換効率の更なる性能向上は何としても成し遂げることが必須条件である.

現在日本の一般家庭では平均して1年に 5500 kWh の電力を消費している.この電力を化石燃料で発生すれば 3500 kg の CO_2 排出量に相当する.しかし,この電力を太陽電池にすれば,1 年間に 1000 kg の CO_2 削減に寄与することになる.発生した 1000 kg の CO_2 を森林で吸収するとすれば 1000 m^2 の面積が必要となる.人間生活で CO_2 を全く排出しない生活はありえないので,森林の自然力による大気環境改善を活用したい.

太陽電池による発電効率も問題であるが,天候による出力の変動の問題が大きく残る.晴天,曇り,雨天化によって,例えば図4.11 に示すように大きな変動がある.したがって安定して電力を供給するためには大容量の二次電池と合わせて計画的な電力供給システムが必要である.

夢の次世代太陽エネルギーの利用技術として,もう一つ追加して述べたい夢のような,しかし夢ではない宇宙太陽光発電所 (Space Solar Power Station,

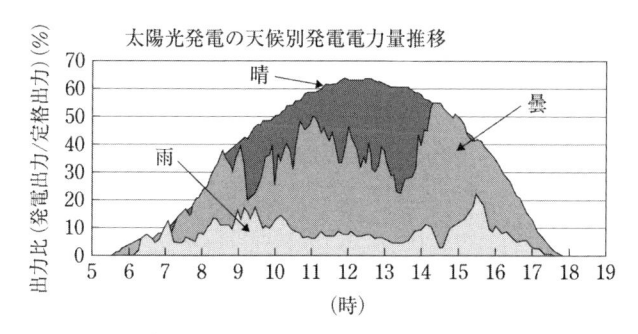

図 4.11 天候による太陽光発電所の出力変化の例(出典：経済産業省ホームページ)

SSPS)がある．宇宙太陽光発電は 1968 年アメリカで考案されたが，80 年代からは日本の方が本格的に推進してきた．以前から話題になっていた宇宙に太陽電池を設置する技術は，その実現に向け本格的な研究が進められている．地球から 3 万 6000 km の成層圏に大型静止衛星を打ち上げ，それに太陽電池を設置し，発電した直流電力をマイクロ波か赤外線レーザに変換して送信アンテナから無線で地球の表面に送るのである．地上に設置されたアンテナでそれを受けて整流し直流に変換するというダイナミックな計画である．大気中にこれだけ高いエネルギー密度の電力を送ると，途中で鳥がいれば焼き鳥になるのではないかと心配する人もいるようである．しかし，レーザの強さは太陽光の数倍（数 kW/m^2）であるので，全くその心配はない．宇宙では同一受光面積の太陽電池で地上の 10 倍のエネルギーが得られる．また，地球の半径が 6000 km であるのに対して，静止衛星は 36000 km もあるので，地上が夜の時間帯でも地球の陰にはほとんどならず，1 日中発電が継続できる．電力を送るのにマイクロ波(GHz 級：$10^9 Hz$)で送るかレーザで送るかは，波長が短い近赤外線レーザの方が広がらず減衰が少ないので良いことになる．一方，波長の長いマイクロ波は電離層での反射や散乱，雨や雲による吸収等の影響が殆んどないという利点がある．近赤外線なら晴れていれば地上まで 2% 程度の減衰で送り届けられるが，天候の悪い時はマイクロ波の方が有利である．地上ではアンテナで受けて整流して電力を得る．また，レーザ光を光触媒に照射して水を分解し水素としてエネルギーを得るという夢のようで夢でない構想もある．この構想が実現すれば，水素をエネルギー源として利用できるので，燃料電池や燃料電池車と

表4.6 宇宙太陽光システム(SSPS)と他のエネルギー源との比較

	環境性	供給安定性	その他
化石燃料	CO_2排出量が大	地政学的リスクあり	比較的廉価(近年原油は高騰)
原子力	運用時のCO_2排出量はゼロ	地政学的リスクあり	安全性に関するPA(パブリック・アクセプタンス)の問題あり 地震に対して脆弱性
再生可能エネルギー	運用時のCO_2排出量はゼロ	昼夜天候・地形等立地条件に強く依存(供給安定性に問題あり)	高コスト,可食・非可食に関係なくバイオエタノールは新た食糧問題を発生
SSPS	運用時のCO_2排出量はゼロ	天候依存性なし 地政学的リスクなし	高効率化,軽量化,輸送コストの低減など経済的成立性を満たす技術開発が主体. 地震に対し極めてタフ 核拡散抑止力がある

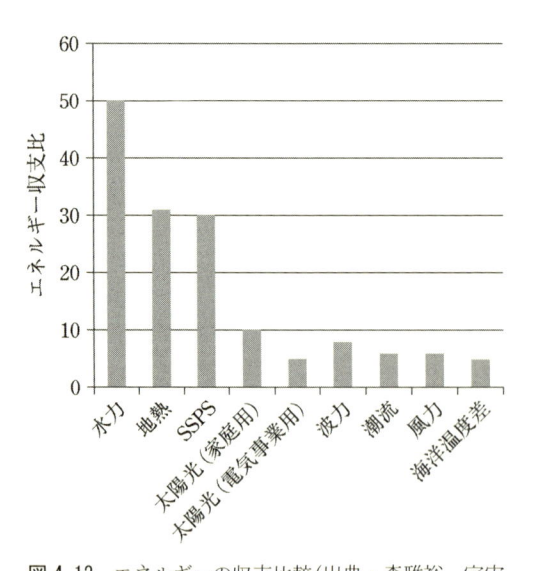

図4.12 エネルギーの収支比較(出典:森雅裕,宇宙太陽光利用システム(SSPS)の実現性,クリーンエネルギー,2009.12,p.36)

して利用することができ,まさしく夢のエネルギーとなる.成層圏では夜がないし,太陽光が空気によって減衰しないので,地球上で太陽電池を動作させるより24時間安定して高密度で発電を継続できる.SSPSが実現した場合,いかにSSPSが優れているかを他のエネルギー源と比較すると表4.6に示すとおりである.このメリットの具体的なエネルギー収支は図4.12に示されるように試算されている.宇宙に建設する必要があるのでコストが莫大になるのではないかという稀有の心配がある.しかし,このような取組みがかつては夢物語であったが,現在は全くの夢で終わらせないで欲しいものである.

この節において太陽電池とせずに太陽光発電としたのには理由がある．それは最近スペイン南部において次世代の発電方式と銘うって集光発電塔が建設された例などがあるからである．1辺10mの巨大なミラーを624枚地上に設置しその鏡で反射した太陽光を高さ115mの塔に集光する．集光点では太陽熱により蒸気を発生させ，タービンを回転し発電する．この設備は，集光型太陽熱発電設備(CST)と呼ばれている．集光型の太陽熱を利用した発電はかなり有望である．世界でも日照の豊かなサンベルト地帯では有益であり，この場合は蓄熱もできるので，夜間電力の供給も可能になる．

このほか，実用とは別に夢の技術に向って進めている研究もある．それは水に特別な触媒を加え，それに太陽光を照射し水素を発生させようとする研究である．これ等の研究は夢が夢でなくなることを夢見ての挑戦的研究である．

4.2 風力・水力発電

地球上の自然エネルギーの中で，風力は太陽光に次いで多く，3.7×10^{14} kW もある．したがって，地球上で吹く風の20％が活用できれば，世界全体が必要としているエネルギーの全てを賄えるとの試算があるほど風のエネルギーは莫大である．日本でも将来のエネルギー源として期待しているのは太陽光発電に次いで風力発電である．風力発電は風車の回転によって発電機を回転させるシステムである．世界の風力発電設備の導入量は図4.13に示すように，年々増えている．しかし，それでもこれ等の自然エネルギーによる電力量は未だ全電力の1％に満たずわずかな量である．

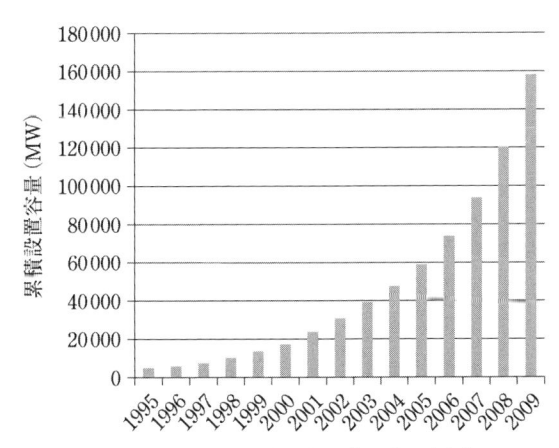

図 4.13 世界の風力発電設備の導入状況(出典：Global Wind Energy Council (GWEC), Global Wind 2009 Report)

風力発電は回転運動によって直接発電機を回転させるので，発電効率が他の発電方式に比べて比較的高く40％程度あり，世界各国でも積極的に設置が進められている．各国の風力発電導入量も図4.14に示すように，年々増加している．特にドイツは多く稼動させており，ヨーロッパを空から眺め風車が多い所を見れば，ドイツとの国境がわかるとさえ言われている．しかし，アメリカの風力発電導入も非常に積極的であり，2010年までにおける導入量は図4.15に示すように最大になった．ドイツにおける総エネルギーに対する風力発電の割合は10％にも達している．さらにドイツは今後2020年までに総エネルギーの20％，2050年には50％の割合にまで再生エネルギーの率を引き上げることを目指している．ドイツは風力や太陽電池などの自然エネルギーで

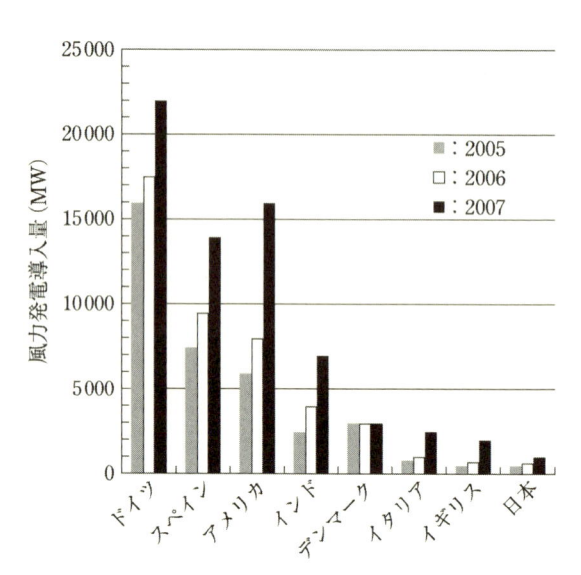

図4.14 世界の風力発電導入の推移（出典：エネルギーレビュー2008.6, p.7）

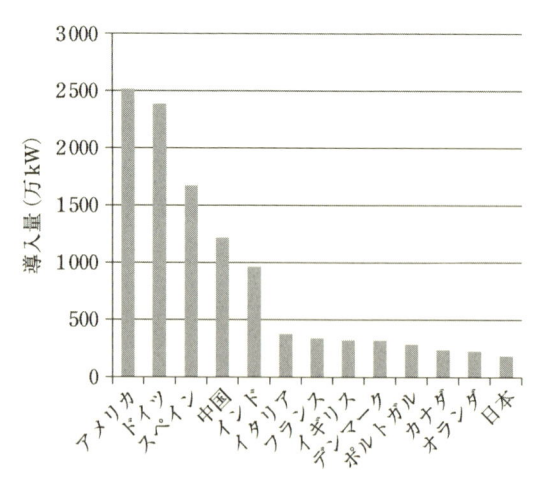

図4.15 世界各国の風力発電の導入状況（出典：日経エコロジー, 2010.1, p.31）

発電した高い電力を電力会社に買い取らせる制度(固定買取制度)にしたため,電気料金はヨーロッパの他の国々に比べて2割ほど高くなり,問題となっている面もある．ドイツの例のようにならないように,自然エネルギーの高コスト化,大きな出力変動などの問題を克服して良質な電力供給を目指し,自然エネルギーによる電力の割合を増加させることは非常に難しい目標かもしれない．しかし,自然エネルギーをさらに増加させることは長期的にはいずれの国にとっても必要なことであり,そのためにはエネルギー変換効率と安定性を向上させる技術開発を至上命令として,強い決意で推進する必要がある．

デンマークは人口が多くはないので導入電力は318万kWで決して多くはないが,すでに全電力の20％が風力発電であり,ドイツより早く2025年には50％達成を目指している．風力発電には変動率が大きいという問題があるが,デンマークでは水力発電主体のノルウェーと電力系統を接続して,国家間で連携して運用している．揚水発電所は電力貯蔵効率が70〜85％であり,大規模な電力貯蔵効率としては最も高い．したがって太陽光発電や風力発電と揚水発電は大電力の貯蔵に対しては極めて相性が良い組合せであるといえる．

風力発電は風車で発電機を回転させるだけの機構であるので,技術的に大きな問題はなく,現在コスト的には10〜15円/kWhで充分に他の従来の化石燃料による発電システムと競争できる価格に近づいている．図4.10にも示したように,発電コストは石炭や石油にほぼ近くなってきた．日本でも風力発電は**図4.16**に示すように急増してきたが,世界的に見れば図4.15のように遅れをとっている．その理由は日本が山の多い島国のため,風の方向と強さが大陸のように一定でないことと,雷が多

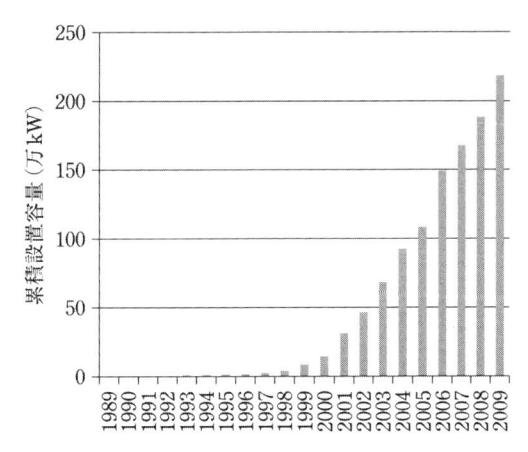

図4.16 日本の風力発電設備の導入量の推移(出典：白石浩之,エネルギーレビュー,2008.8,p.39)

いという自然条件として不利な面があるためのようである.

　風力発電は風速が2倍になれば電力は8倍になるので，当然のこととして風力発電の設置には風速の強い所が適している．また，風力によって得られる電力はほぼ風車の設置面積に比例するので，風力発電技術の要は発電機を回転させるためのブレードと呼ばれる風車の羽に集まっている．ブレードの材料として従来はヘリコプタ用の翼と同様の強度，軽量化や耐久性の優れたガラス繊維強化プラスチック（Grass Fiber Reinforced Plastics : GFRP）から剛性も疲労性もさらに優れた炭素繊維強化プラスチック（Carbon Fiber Reinforced Plastics : CFRP）が使われるようになっている．また出力を得るために翼の長さも初期段階には 12 m 程度であったが，最近は大容量化するため，65 m に長くなり，これはボーイング 747 の翼の 2 倍に相当する．風力発電の単機の発電容量もここ 10 年で 300 kW から 1600 kW にまで大きくなった．このように，風車を高く，翼を長くすることによって発電量を高められるのは，風車の発電量は「風車の回転面積と風速の積に比例する」という原理に基づくものである．例えば，地上 10 m と 50 m では風速は 1.3 倍になり，エネルギーは約 2 倍になる．日本で風の多い北海道や東北には風力発電の設置数は多いが，北海道全域で全く出力のない時間もあるという不安定さがある．

　このように，設置する場所的な制約を克服する方法として，洋上に設置することも検討に入っている．実際に風力発電による騒音や景観が問題となっている例が多い．そのため，特に日本では海上風力発電に注目が集まっている．騒音や景観の心配もなく，陸上より強く安定した風が得られるので，試算では陸上の 1.5 倍発電が期待できる．浅い海域に固定（着床式）するか，海上に浮かべるか（浮体式）何れが有利かは今後の検討を待つことになる．

　日本には風力発電が多く設置されないもう一つの原因がある．良いのか悪いのかの難しいが，それは日本の建築基準法である．風力発電用の設備であっても，60 m 以上の高さになれば超高層ビルと同じ耐震基準が必要になっていることである．この規定は地震国日本としては仕方のない，必要なことでもあろうが，そのために日本の風力発電はコスト高になっているのが現状である．

　風力発電の場合，発電電力は風速によって変化するので，定常的に一定の電力を発電することはできないが，全世界の風力発電量は 40 000 MW 程度に

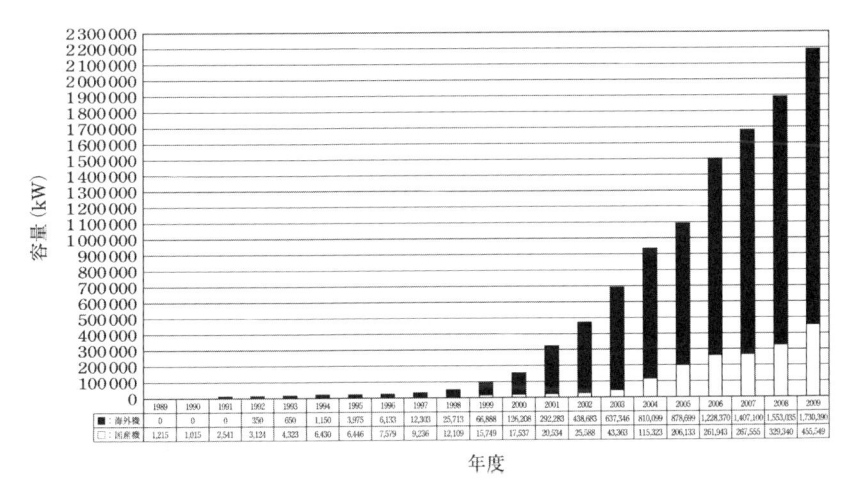

図 4.17 風車における海外機・国産機の導入量の推移（累積）（出典：NEDO ホームページ，新エネルギー部資料集）

達している．しかし，そのほぼ 40％，14 609 MW がドイツに集中的に設置されており，日本にはまだ 100 基（ほぼ 100 万 kW）設置されているに過ぎない．現在日本国内に設置されている風力発電に使われている「ブレード」と呼ばれる風車の多くは図 4.17 に示すように外国製である．しかし，難しいことではあるが，日本の複雑な地形と気象条件に最も適したブレードの開発は日本の技術力によって国産にこぎつけたいものである．

今後は日本も風力発電の設置は積極的に進められるであろうが，90 m ほどの上空に約 40 m の羽の付いたブレードの列は環境破壊という人もいる．一方，自然エネルギーの有効利用であり，かつてのオランダのように風車は観光施設になるという人もいる．将来のエネルギー源と環境を考えれば，多少の美観的な環境は損なわれることはあっても，風力発電を積極的に推進しなければならないであろう．ただし，実際に供給できる電力は風の強弱があるため，条件の良い所でも設備容量の 25％程度である．

太陽電池に宇宙太陽光発電所の設置に向けた取組みがされていると同様に，風力発電にも宇宙での建設の夢がある．それは高度数千 km の上空を吹いている高層風のエネルギーは人類の消費全エネルギーの 100 倍を超えるという．この強力なエネルギーを風力発電に利用しようとする夢の様な構想である．かつ

て，人間が空を飛ぶのが夢であった時代があったが，ライト兄弟がそれを可能にしたように，高層風力発電の夢も実現するかもしれない．

今後のエネルギー源として期待の大きい太陽光発電や風力発電等では，昼夜，天候や気象条件による発生電力に変化があるため，電力を安定供給化するための技術が必要となる．電力の安定供給には揚水発電と連携して水の位置エネルギーとして貯蔵するシステムもある．もう一つは，電気エネルギーを化学エネルギーとして貯蔵する電池であろう．電池には従来から一般に使われてきた，使い捨てのアルカリマンガン電池等の一次電池がある．しかし，電力の貯蔵用には携帯電話やパソコン等に使われているモバイルタイプ，また人工衛星や電気自動車の主役にもなっている軽量小型，コンパクトで高エネルギー密度の二次電池であるリチウムイオン電池の性能〔容量(Ah, Wh)，出力(W)，寿命(サイクル)〕が鍵を握っているといえる．

太陽光や風力の欠点である電力の不安定性を有効に使用するには，二次電池の大容量化，小型化，軽量化や低コスト化等が必要な技術である．各種の二次電池も性能は逐次向上し，現在では**表4.7**に示すようにまで達している．二次電池の性能は特に電力安定化供給には極めて重要になってきており，次世代の揚水発電所とも言われている程に期待は大きい．最近の二次電池もニッケルカドミウム電池やニッケル水素電池からさらにリチウムイオン電池に代わり始めている．現在多く使用されている大容量の二次電池の鉛蓄電池に比べればエネルギー質量密度は3倍($161\rightarrow360$ kWh/kg)，体積密度でも2倍近く(700 Wh/l 超)，さらに寿命も2倍($500\rightarrow1000$ サイクル)で10年となり，いずれも従来の二次電池をはるかに超えてきた．現在急成長のリチウムイオン電池の動作は図3.16に示したとおりである．リチウムイオン電池は小型，軽量，高起電力，

表4.7 主な2次電池のエネルギー密度

	構成			作動電圧	重量エネルギー密度 (Wh/kg)	容量エネルギー密度 (Wh/dm^3)
	負極	電解液	正極			
鉛蓄電池	PbO_2	H_2SO_4	Pb	2.0	161	720
ニッカド蓄電池	NiOOH	KOH	Cd	1.2	209	751
ニッケル水素蓄電池	NiOOH	KOH	水素吸蔵合金	1.3	217	1134
リチウムイオン電池	$LiCoO_2$	リチウム塩	Cd	3.7	360	1375

大電流放電等ができる将来の二次電池として優れた性能をもっている．また，これに加えて，今も多く使われているニッカド電池のようにカドミウム等の有害物質を出さないこともリチウムイオン電池の大きな特徴といえる．リチウムイオン電池の電気自動車への期待も大きいので，性能がさらに高いポストリチウムイオン電池も今後は期待できるかもしれない．このように自然エネルギーの電気変換効率の向上と同時にエネルギー蓄積技術の向上もあり，自然エネルギーの利用は今後さらに活用されるようになるであろう．

水力は新エネルギーではないが，日本ではあまり活用してこなかった少容量の水力発電はまさしく自然エネルギーである．水力発電はエネルギーセキュリティー，地球温暖化防止と同時に発電機の「停止からフル出力まで数分」という他の発電方式にはない優れた特長を持った電力源でもある．特に自然エネルギーでありながら貯蔵機能（揚水式発電）をもった，季節や気候にも左右されない安定なエネルギー源であり，他には無い特徴がある．さらに付け加えるなら，ライフサイクルから見ても CO_2 排出量が少ないエネルギー源である．このような位置づけにある水力エネルギーのことをここで少し追記することにする．

当然なことではあるが，水力発電も広い意味で太陽エネルギーを利用した持続可能なエネルギー源であり，世界の総発生電力の 16％は水力で賄われている．また，現状では自然エネルギーとしての発電電力の 88％が水力発電によるものである．開発が可能な全水力エネルギー（包蔵水力）は世界では 16×10^{12} kWh とされているが，そのうち現段階で利用されているのは，たったの 17％に過ぎない．しかし，日本について言えば，利用率は高く，包蔵水力は 139×10^9 kWh であり，その 70％がすでに利用されている現状にある．

中国では世界最大となる三峡ダムと発電所が建設されている．この三峡ダムの貯水量は 393億m^3 で 2 位・アメリカのフーバーダム（367億m^3）を越え，日本の全ダムの総貯水量（300億m^3）を一つで超えている巨大ダムである．

すでに水力の利用は限界を過ぎた感覚でいた．しかし広大な中国をはじめ世界中には未だ包蔵水力の 83％も未使用の水力があり，残された水力発電の利用はまさしく自然エネルギーの有効活用の要素なのである．日本国内は開発されつくされ，大型ダムを建設できるような適地はすでに限界に来ているといえる．世界的に見ると，理論包蔵水力（降水量と海に注ぐまでの位置のエネルギ

■水力エネルギーの出力別分布

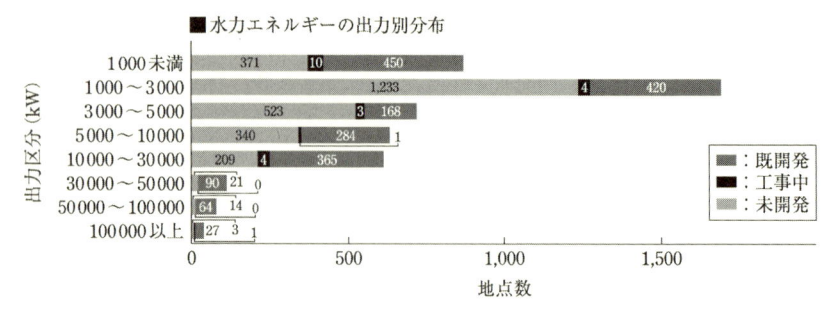

出力区分 (kW)	既開発	工事中	未開発
1000未満	371	10	450
1000～3000	1,233	4	420
3000～5000	523	3	168
5000～10000	340		284	1
10000～30000	209	4	365
30000～50000	90	21	0
50000～100000	64	14	0
100000以上	27	3	1

地点数

図 4.18 日本の水力エネルギーの出力別分布(出典：資源エネルギー庁，明日のためにいま「新エネルギー」)

一の差より計算)に対する実質的な包蔵水力は 40 % であるが，日本は 19 % であり，世界に比べて今後の開発可能量は多くはない．したがって，巨大ダムを伴った新たな水力発電の建設は日本では困難とされている．しかし，空気より密度が 1000 倍もある水は環境適合で安定して供給できるので，エネルギー利用にとっては極めて魅力的な材料である．調査してみると日本には**図 4.18**に示すように，中小規模の出力区分にある水力資源はまだ多量に存在する．巨大なダムではないが，小規模・分散型水力発電への取組みが開始されており，小型多数設置方式の導入は今後の水力利用技術として日本の大きな取組みのスタートとなるであろう．昔の水車は大規模のダムによる大規模発電所になったが，現在からは小規模水力発電への転換であり，電力的には新エネルギーといえる．

　水と光触媒と太陽光の組み合わせにより水素を作ることも研究はされているが，この実用化は未だ不確定要素をはらんでいる．このような研究が次世代のエネルギー源のブレイクスルーになると同時に電力の貯蔵や平準化にも大きく寄与する筈である．

4.3　バイオエネルギー

　バイオマスとは生物資源(バイオ：bio)の量(マス：mass)という意味で有機物による資源であり，有効に利用すればまさしくカーボンニュートラルな枯渇することのないエネルギーといえる．バイオマスは水，大気，土壌，生物，光と時間という有限の量のバランスで保たれてきたし，これを維持しなければサスティナブルではない．したがって，バイオマスは本質的には地球上で太陽エ

ネルギー，水と二酸化炭素から植物が生成されるものであるので，長期的に持続可能であり，いわゆる再生可能な資源である．バイオマスは利用価値の少なくなった紙，わら，間伐材，雑草，食品残渣，家畜の排泄物等の私たちの身近にある炭水化物の化学反応を利用し，エネルギー源として再利用できる資源を指している．植物を起源とする有機資源であるバイオマスには栽培系と廃棄物系(使用済みの物)がある．廃棄物系の量は国によって異なるが，日本では石油換算で約600万 kl と試算されている．その利用率は20％程度で，あまり高いとはいえないが，世界的には利用率は高い方である．

世界におけるバイオマスを中心とする再生可能エネルギーの利用は図4.19に示すように，原子力より高く，ほぼ13％を担っている．これをたったの13％と見るか，13％もあるのかと見るかは人によって判断の違いはあろう．必要エネルギーに対し相当に高い割合を担っていることだけは確かである．ただし，その内容を見れば，発展途上国の家庭生活における草木の燃焼もバイオエネルギーの利用として算入したものである．現在多くの先進国が力を注いでいる，脚光を浴びている太陽光と風力のエネルギーは両者を合わせても，未だ全エネルギーの0.1％程度のわずかな量である．これに対してバイオマスは全消費エネルギーの 10.6％を担っているのである．先進国アメリカや EU では発電用の燃料としては一次エネルギーの3％をバイオマスが担っているのに対し，日本はまだ0.2％でしかない現状である．

バイオマスと呼ばれる利用が予想以上に高く驚くかも知れないが，バイオマスの多くは燃料として利用されている割合が高く，特に発展途上国でその傾向が強い．発展途上国では消費エ

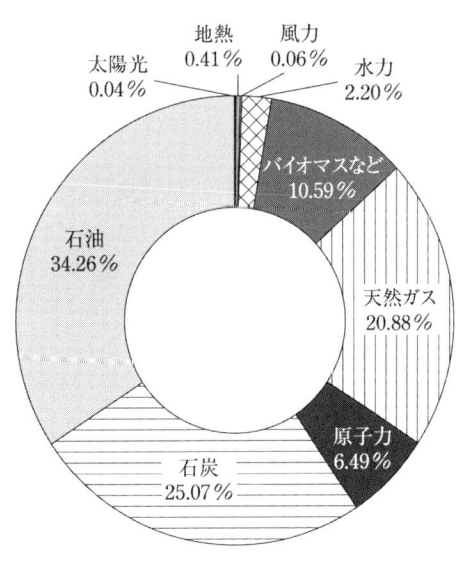

図 4.19 世界の一次エネルギーの供給シェア
(出典：地球環境，2007.9，p.39)

ネルギーの38％を薪に依存している国もある．1億年前に植物が地下に蓄積されたものが現在の化石燃料であり，今私たちがバイオマスと呼んでいるエネルギー源とルーツは全く同じである．しかし，保存状態と経過年数の違いにより全く違うエネルギー源のように見えてきている．植物が低温で1億年密閉して作られた「石炭」はあたかも，数日かけて蒸焼きででき上がる「炭」を思い浮かべる．

化石燃料は地下に密閉されて蓄積されているエネルギーであるので，地上で燃焼させれば大気中のCO_2を増加させることになる．地上で植物をバイオエネルギーとして利用する場合にはCO_2を排出するが，地表で再び植物により吸収されるので，CO_2の増加にはならず，これをカーボンニュートラルという．地球全体から見ると炭素(C)や二酸化炭素(CO_2)の発生と消費はバイオマスも化石燃料も同じであるが，私たちの生活実態から見ると，大きな違いとして取り扱われている．バイオマスでは生成から消費までがショートレンジであるのでカーボンニュートラルの物質であるとして扱われるのに対して，化石燃料は温暖化ガスを排出する物質としての扱いである．生成から消費までの時間の長さによって全く違うもののように見られている．

現在地球上に存在するバイオマスは1.2〜2.4兆t(10^{12}t)で，これをエネルギーに換算すると24000〜48000EJ(エクサジュール，$1EJ=10^{18}J$)に相当する．この多量のバイオマスエネルギーの大部分は樹木によるものである．1年間の樹木の成長を主体とするバイオマスエネルギーの生産エネルギーは全世界のエネルギー消費量の7倍に相当する莫大なエネルギー量である．毎年生産される森林資源の1/7を効率よく利用すれば，計算の上ではバイオマスで世界の全てのエネルギーを賄えることになる．まさしくサスティナブルであろう．しかし，それは夢の中の夢であって，バイオマスのエネルギーをどれだけ利用することができるかは私たちの智恵の出し方である．

大自然の中におけるバイオエネルギーは全体としてはサイクルが形成されているが，現実に私たちが活用できる資源としてのバイオマスのエネルギー源を整理してみると表4.8に示すように分類できる．生産資源系としたのはエネルギーを目的とした再生生産植物である．一方未利用資源は都市ごみや各領域で廃棄している物である．いずれにしてもバイオマスによる資源は農山漁村がそ

表4.8 バイオマスの分類

分類項目		バイオマス資源例
生産資源系	陸域系	サトウキビ, てんさい, トウモロコシ, ナタネ等
	水域系	海藻類, 微生物等
未利用資源系	農産系	稲わら, もみがら, 麦わら, バガス, 野菜くず等
	畜産系	家畜糞尿, 屠場残渣
	林産系	林地残材, 工場残廃材, 建築廃材等
	水産系	水産加工残渣等
	都市廃棄物系	家庭ごみ, 下水汚泥等

引用：大森良太 他，「バイオエネルギー利用の動向と展望」，文部科学省科学技術政策研究所科学技術動向

表4.9 日本のバイオ燃料供給可能量

原料	生産可能量(キロリットル)(2030年度)	
	エタノール換算	原油換算
1. 糖・澱粉質(食糧生産過程の副産物, 規格外農産物等)	5万	3万
2. 草本系(稲わら, 麦わら等)	180万〜200万	110万〜120万
3. 資源作物(稲, テンサイ)	200万〜220万	120万〜130万
4. 木質系(建設廃材, 林地残材等)	200万〜220万	120万〜130万
5. バイオディーゼル燃料系	10万〜20万	6万〜12万
合計	600万程度	360万程度

引用：前田征児，「エネルギー資源作物とバイオ燃料変換技術の研究開発動向」，科学技術動向，2007年6月P.11

の宝庫である．日本におけるバイオマスの生産資源の供給可能量は**表4.9**に示されるように，主食系に関わる稲わらや木質系が多い．自動車用の燃料として，バイオエタノールやバイオディーゼルと呼ばれる食糧と競合するバイオマスエネルギーを利用している国も多い．バイオエタノールを生成するには**図4.20**に示すようなプロセスが一般的で，木材や穀物などのいずれの場合にも前処理によって糖化し，その後は酵母によって発酵させて，エタノールに変換する．作物資源の豊富な農業国であるブラジルやアメリカではバイオ燃料の耕作が進んでいる．特にブラジルではサトウキビによるバイオエタノールの生産量は高く，車もガソリン車よりエタノール車の方が多くなっている．また，ブラジル

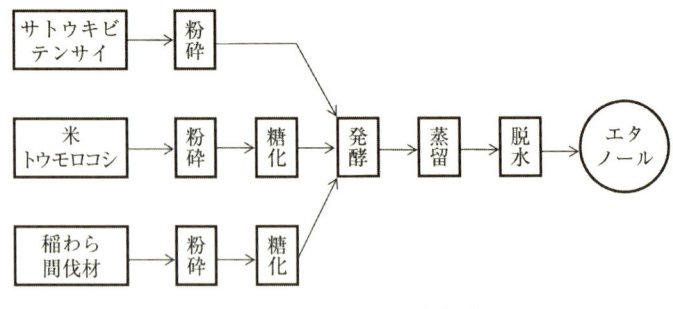

図 4.20　バイオエタノールの生産プロセス

は大豆の生産がここ 10 年で 2 倍になっている．森林や牧草地などの自然環境の破壊や減少も大きな問題である．そのために熱帯雨林や牧草地が減少し，「食料の不足している国もあるのになぜ穀物などの食料を燃料にするのか」との声も多くあり，バイオエネルギー資源の生産については国情によって大きく異なる．そのためもあり，食料と関係のしない物質として，最近海中に藻を栽培して，これをバイオ燃料の原料とする開発も進められている．バイオマスの利用形態は多種多様であり，利用の方向も主なものは発電，熱利用，液体燃料化などであるが，具体的には①直接燃焼，②ガス化して燃焼，③油化後に燃焼，④バイオディーゼル，⑤発酵法（エタノールの生成）などである．直接燃焼法は発展途上国の家庭で多く使われているし，先進国で行われているごみの焼却炉もこれに相当する．最近のごみ焼却炉ではボイラによって発電することも多くなり，また近隣へ熱として供給するシステムでごみをエネルギー資源として活用する所が多くなっている．

　ナタネやヒマワリ等の植物油をエステル化反応させる（油の粘性を下げ，着火点の低い油に転換する反応：メチルエステル化反応）と，ディーゼル車に使用できる燃料となり，これがバイオディーゼル燃料である．現在使われているバイオディーゼルは軽油よりコストが高い状況にある．現在日本ではバイオディーゼルとして，食油の廃油の活用が始まっており，そのプロセスは図 4.21 に示されるとおりである．これを本格的に軌道に乗せるためには価格の引き下げが鍵を握っているであろう．

　もう一つバイオ燃料として大きな期待が寄せられているのはガソリン車に使

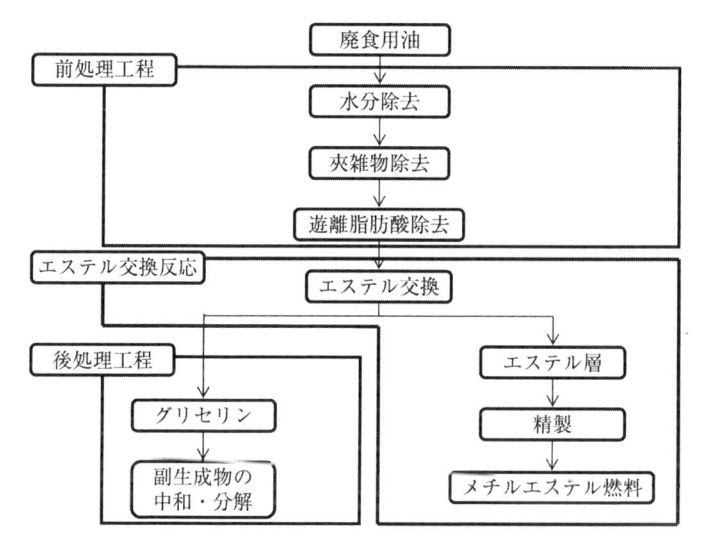

図 4.21　廃食油からのバイオディーゼル燃料の精製

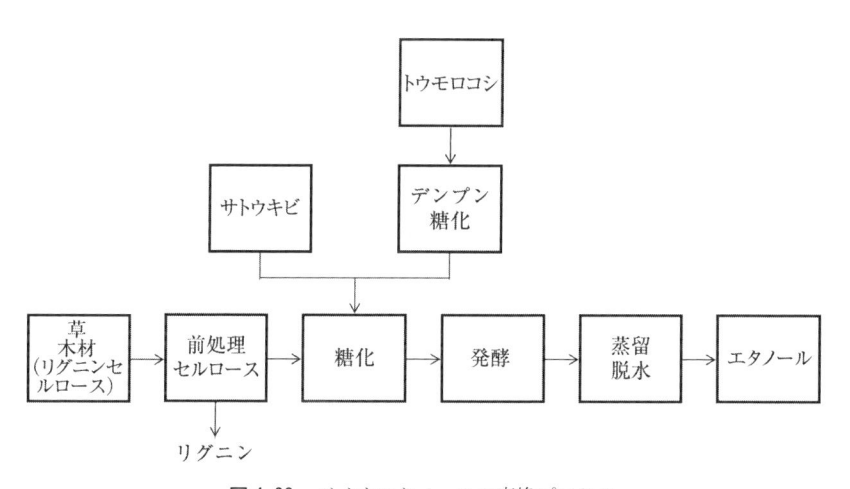

図 4.22　バイオエタノールの変換プロセス

用するバイオエタノールの利用である．バイオエタノールを作る方法は新しい方法ではなく，図 4.22 に示すように，従来から行われている甘酒や酒を発酵させて作る時の醸造の方法と同様である．トウモロコシでは澱粉を抽出した後，澱粉を糖化して糖質を発酵させることによって，アルコール類であるエタノー

ルが生成できる．サトウキビのような糖質が含まれている穀物類のエタノールへの転換は比較的容易である．

一方，木質，植物の茎などの繊維性のセルロース系の場合には穀物と同様には行かない．この場合にはセルロースを前処理によって加水分解してリグニンを除去した後，糖化するプロセスが必要となる．この前処理としての加水分解するプロセスにはいろいろあるが，その一つは高温高圧(300℃, 200〜300 気圧の超臨界状態)の水の中にセルロース類を入れ，分解して糖質であるメチルエステルに変化する．バイオエタノールの行く末を占うのは製造コストである．現在ではバイオ燃料は世界中でエタノールに換算して 3500 万 kl ほど生産されているが，その多くは図 4.23 に示すように，安価で豊富な農作物資源のある農業国が多い．エタノールは図 4.24 に示すように，国内の小麦を原料とした場合を除けば，原料を輸入してもほぼガソリンと同じ価格(180 円/l 程度)である．この価格をさらに低下させるには木質のバイオマスを活用することも重要となるので，バイオマスの前処理である，糖化処理工程や最終段階の脱水処理技術などの改善が何としても必要不可欠な技術となるであろう．

上記したようにセルロースを加水分解して糖化できる技術開発によって従来は利用が困難であるとされていた繊維状バイオマスも活用できる道が開けてきた．中でも豊富な資源である木質のバイオエタノールへの利用が可能になったことは大きい．バイオ燃料としては国によって対象としている原料は異なるが，燃料の面積当たりの生産量を比較すると表 4.10 のとおりである．現在ではあまり注目されていない「藻類」は食料とは競合せず，単位面積

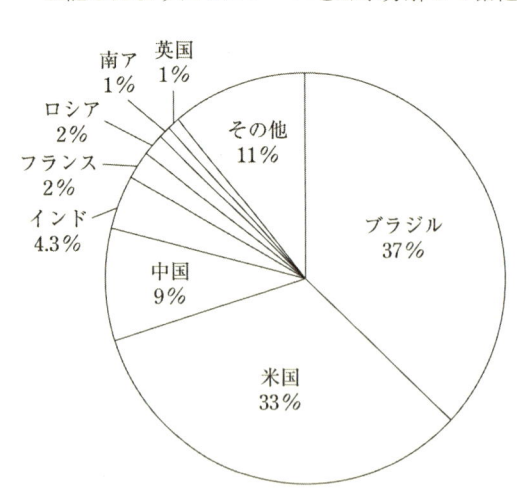

図 4.23 世界のバイオ燃料の国別シェア(出典：前田征児，エネルギー資源作物とバイオ燃料変換技術の研究開発動向，科学技術動向 2007.6, p.11)

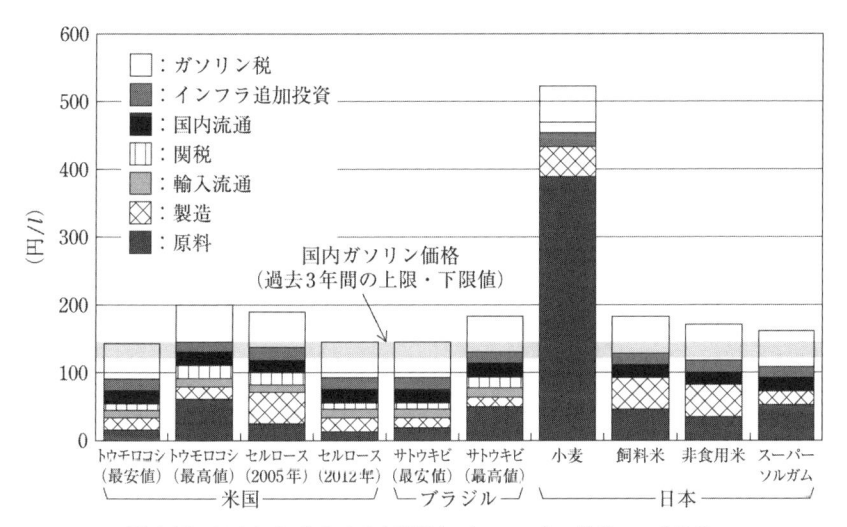

図 4.24 日本におけるバイオ燃料(エタノール)の供給コスト比較

表 4.10 バイオ燃料のオイル生産能力

作物・藻類	オイル生産量 L/ha/年	世界の石油需要を満す面積(百万 ha)	地球上の耕作面積に対する割合(%)
トウモロコシ	172	28243	1430.0
綿花	325	150002	756.9
大豆	446	10932	551.6
カノーラ	1190	4097	206.7
セトロファ	1892	2577	130.0
ココナッツ	2689	1813	91.4
パーム	5950	819	41.3
微細藻 A	136900	36	1.8
微細藻 B	58700	83	4.2

当たりのオイル換算容積(l/ha/年)は大きい．したがって藻類は石油を供給するための面積は少なくて済み，したがって世界の石油必要量を供給するには地球上の耕作面積の 1.8～4.2％で満たされる．他の材料では 100％を超えなければ供給できないものが多い．

日本の国土面積は 3700 万 ha で，その 70％の 2500 万 ha が森林であり，500 万 ha がバイオエネルギー用の農地である．この土地で毎年生産されるバイオマス資源は 1 億 3000 万 t/年になる．これなどを有効に活用すれば CO_2 排

出量の少なくとも 4％，多ければ 10％を賄えることになるとの試算がある．しかし，先にも示したように，日本の一次エネルギーの 0.2％に止まっている．その最も大きな原因は各種の原因を含めて採算性が低いことであろう．そのため，大部分のバイオエネルギー資源は廃棄物として償却や埋立て処分されている．多くの条件が整ったとすれば，バイオエネルギーは全エネルギーの 6％を賄うことができるとの試算もある．しかし，それには到達しなくても，バイオは有効な再生可能なエネルギー源であるので，活用したいものである．大量のバイオエタノール材料の栽培の実現は光合成による生産性の低さ (0.1％) とエネルギー変換速度が遅いことであるので，これを乗り越える技術が必要になるであろう．森林国日本にとって森林は地上の生きたバイオマスであり，巨大な CO_2 の吸収源なである．

一方，世界中の穀物をすべてエタノールに転換しても需要全エネルギーの 4〜5％の量にしかならないわずかな量である．現在新しく活用されているバイオエネルギーは全消費エネルギーの 0.2％である．これを 2％にしようとすれば現在の農地面積を 10 倍に広げなければならない．これを実行するとすれば，森林を農地に転要する必要がある．このようなことが起これば本末転倒であり，バイオエネルギーの推進は単に拡大すれば良いというものではないことは当たり前のことである．

4.4 地熱発電

地熱発電は地球に秘められた自然のボイラにより発電する技術である．地球表面から深さ数 km の比較的浅い所には数 1000℃のマグマの溜りがある．ここに地表から浸透してきた水が浸入して加熱され，貯留されたものが熱水であり，これが地熱発電や温泉のエネルギー源である．

地熱を私たちは古くから温泉として利用してきた．特に日本は火山国であり，温泉の多い国であるが，近年は古くからの温泉地として知られていない所にも温泉が作られるようになっている．それは適地を探査する技術の進歩も大きいが，特に深い所まで掘るボーリング技術の発達に依存する所が極めて大きい．地熱を発電に利用するためにはいかなる燃料も必要としないが，場所的な制約があり，適切な場所の選定，探査，開発に多大な費用が必要となる．しかし，

一方，太陽光発電や風力発電に比べ，24時間，365日安定してエネルギーを供給できることもあり，LCCO$_2$ が他の発電に比べて少なく，環境的には優れものである．

世界で地熱発電が最初に作られたのは 1964 年イタリアであるが，日本は 1966 年岩手県の松川に作られた．現在では地熱発電は世界で 840 万 kW の出力になっている．火山国と言われているフィリピンの地熱発電は 193 万 kW の容量であり，フィリピンの発電電力の 1/4 が地熱発電で賄われている．日本は火山国であるが，地熱発電による電力は 54 万 kW で日本全発電量の 0.5％に相当し，世界で 8 位(2010年現在)である．フィリピンと同様に火山国であるにもかかわらず，日本はあまり地熱発電が利用されていないのは候補地となる場所が国立公園に指定されていて，温泉や観光地として活用されていることなどが原因となっている．

地熱発電に必要な熱水の量は 10 万 kW 当たり 60000l/min とされている．しかし，温泉では平均汲上げ量は 100l/min 程度であるので，日本で地熱発電用に使われている熱水の量は温泉にすれば 3000 箇所に相当するほど多量に使われていることになる．

地熱発電は図4.25に示すように，地下 2000～3000 m にある 200℃の熱水の溜まっている熱水層まで井戸(抗井，生産井)を掘り，ほぼ 200 mm 口径のパイプを通して熱水層から噴出する(汲上げ)熱水と水蒸気の混合気から熱水を取り

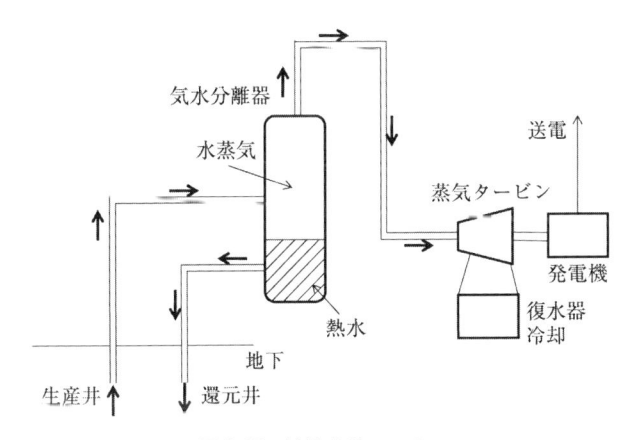

図 4.25 地熱発電システム

除き蒸気を分離(セパレータ)して蒸気タービンを回転させて発電機を回転させる．蒸気の温度や圧力が低い場合は蒸気でなく熱水が排出されることもあるが，このような場合は低沸点のアンモニアやペンタンに熱水を加えて沸騰させ蒸気を発生させ蒸気タービンを回転させる方法も採用されている(これをバイナリー発電と呼んでいる)．地熱発電は地下の熱源がいわゆる天然に設けられたボイラと言える．

　蒸気とともに噴出する熱水は発電の使用後には少し温度は下がるが温泉には十分過ぎる温度であるので温泉用に使うことも検討されたこともあった．しかし，熱水中には毒性の強い砒素や水銀などが含まれていることが多く，発電後は井戸(還元井)を使って地下の熱水層に戻していることが多い．熱水層の水質が全て温泉用に適しているとは限らない．また，水質が適していても地熱発電には温泉の枯渇や環境の悪化などの問題もある．しかし，地熱発電はまさしく国産である．排出する温暖化ガス量も $0.01\,\mathrm{kg(CO_2 換算)/kWh}$ であり，石炭火力の 1/20〜1/40 である．日本では 18 地点 20 プラントが設置されている．地熱発電が最も多く利用されているのはハワイ州であり，エネルギー源の 1/4 に達しており，カリフォルニア州でも 6% に達している．

　地熱発電の方式には，一般的に熱水を汲み上げる方法が利用されているが，深度 5 km にあるマグマを利用することが考えられている．一般の地熱発電では深さ 1〜3 km から熱水を汲み上げる．マグマによって 200℃ 以上の高温に加熱されている巨大な高温花崗岩にき裂を作り，そこに水を外部から送り込み，そこで発生した高温蒸気によりボイラを駆動させるという新しい方式が検討されている．

　地熱発電を促進させるための最大の問題といわれているのは発電コストである．現在の火力や原子力発電では 13 円/kWh であるのに対して地熱発電では 17 円/kWh である．大気環境の改善を考慮すれば，この程度のコストの差は克服して促進したいエネルギー源である．地熱発電量では世界第 8 位(2010 年現在)の火山国日本は 1966 年最初の地熱発電所を岩手県八幡平国立公園に松川発電所(当初 9500 kW から現在 23500 kW)に建設してから，現在までに 18 箇所に作られている．しかも，日本の地熱発電による発電総量は未だ 54 万 kW に留まっている．日本における地熱の全資源量としては 693 万 kW あるが，その

うち開発可能な資源としては 247 万 kW あり，未だ今後に期待できるエネルギー源ではあろう．しかし，完全な国産の自然エネルギーではあるが現在までには大幅な増加が見られていない．その原因として技術的ではなく，温泉の枯渇や景観による経済的問題や環境に対する影響の問題が残されている．将来のためには何かを少しは犠牲にして，多少の高さのハードルは超えて行かなければ，との思いである．

あとがき

　地球温暖化の原因が IPCC によってようやく CO_2 の排出によるものが大きいことをほぼ断定的に判定を下した．しかし，ここでほぼ断定的にとしたように，温暖化の原因が未だ本来の自然現象によるものであるという反論を完全に否定する論拠はない．自然現象でも温暖化ガスのように何十年，何百年単位で徐々に蓄積されて，それが顕在化してきて変化として表れる現象もある．

　一方，地震を始め竜巻，落雷などのように突発的に起こるものもある．このような突発的な現象に対しては各種の診断法を駆使して何とかその「発生予知」に向けた研究が多くなされているが，未だ信頼できる方法は見出されてはいない．これらの突発的に起こる現象は被害のすごさは目に余るが，地球規模からすれば局所的といえる．とは言え，これ等を単に眺めているのではなく，それなりの対策は必要なことである．

　長期的に大気環境に及ぼす各種の影響については本書で述べてきたが，その効果は物理的，化学的および医学的な影響の評価はできる．しかし，その影響がゆっくりした変化であり，長期的であるため，日常的に実感できない事が多く，地球温暖化をはじめとして，大気汚染は人類にとって最大の脅威であるともいわれている．私達の生活に支障を及ぼす可能性のある大気汚染物質についてはわれわれの生活スタイルの改善や技術を駆使することによって支障となる障害を取り除くことが必要である．私達の生活・生命にとって最も重要な空気について本書で記述した．基本的なスタンスとしては，人工的に大気を汚染する物質は排出しないことである．しかし，現在ではそれができない装置や物質もあり，大気に排出することになるが，この場合には大気に放散する前段階で汚染物質を除去することが必要になる．

　地球上の生態系は全て相互に網の目のように絡み合って存在し，生命と環境とは相互依存している．安心して呼吸するためには自然の生体系を乱してはいけない．そのために私達はいろいろな技術も必要ではあるが，最も重要なことは「人にも自然にも思いやりの心」という姿勢であろう．

筆者一同

索　引

あ行

悪臭 · 52
アモルファス · · · · · · · · · · · · · · · · · 136
アンモニア噴射法 · · · · · · · · · · · · · · 40
硫黄酸化物（SO_x） · · · · · · · · · · 26, 48
硫黄酸化物（SO_x）低減法 · · · · · · · 51
一次粒子 · 62
移動電極型電気集塵装置 · · · · · · · · 73
ウエーバー・フェヒナーの法則 · · · · · 53
宇宙太陽光発電 · · · · · · · · · · · · · · · 143
ウラン · 14
ウランの埋蔵量 · · · · · · · · · · · · · · · · 15
エアコンの消費電力 · · · · · · · · · · · 118
エネルギー源 · · · · · · · · · · · · · · · · · · 10
エネルギー源の利用効率 · · · · · · · · 22
エネルギー自給率 · · · · · · · · · · · 16, 17
エネルギー消費量 · · · · · · · · · · · 19, 20
エネルギー輸入依存度 · · · · · · · · · · 17
オゾン · 94
オゾン層 · 3, 94
温室効果 · 27
温室効果ガス · · · · · · · · · · · · · · · · · · 26

か行

カーボンシンク · · · · · · · · · · · · · · · · 83
カーボンニュートラル · · · · · · 129, 152
拡散帯電 · 69
ガスコンバインドサイクル · · · · · · · 107
ガスタービン発電 · · · · · · · · · · · · · 107
化石燃料 · · · · · · · · · · · · · · · · · · · 10, 104
化石燃料の可採埋蔵量 · · · · · · · · 11, 13
家庭電化製品の高効率化 · · · · · · · 117
家庭用電力 · · · · · · · · · · · · · · · · · · · 118
カニンガム補正係数 · · · · · · · · · · · · 72
火力発電所 · · · · · · · · · · · · · · · · · · · 104
環境基準 · · · · · · · · · · · · · · · · 24, 25, 66
環境基本法 · 66

揮発性有機化合物 · · · · · · · · · · · 52, 56
空気汚染物質 · · · · · · · · · · · · · · · · · · 38
空気浄化 · 129
空気成分 · 1
空気と生命 · 35
蛍光灯 · 120
原子力発電 · 14
建築物環境衛生管理基準 · · · · · · · · 67
光合成 · 35
高速増殖炉 · 15
交流電気集塵 · · · · · · · · · · · · · · · 74, 75
高齢化社会 · 6

さ行

再生可能エネルギー · · · · · · · · · · · 129
再飛散現象 · 73
作業環境評価基準 · · · · · · · · · · · · · · 67
サスティナブル · · · · · · · · · · · · · · · · 32
殺菌 · 52, 59
三元触媒 · · · · · · · · · · · · · · · · · 42, 113
紫外線殺菌 · 60
自然エネルギー · · · · · · · · · · · · · · · 129
自動車の燃費 · · · · · · · · · · · · · · · · · 112
自動車排出ガス規制 · · · · · · · · · 65, 66
地熱発電 · 160
事務所衛生基準規則 · · · · · · · · · · · · 67
集光型太陽熱発電設備 · · · · · · · · · 145
循環型社会 · 33
照明器具の効率 · · · · · · · · · · · · · · · 121
シリコン · 136
人口の推移 · 6
人口変化 · 4
水素化脱硫反応 · · · · · · · · · · · · · · · · 50
水力発電 · · · · · · · · · · · · · · · · · 145, 151
成長の限界 · 5
石炭ガス化複合発電 · · · · · · · · · · · 109
石炭火力発電 · · · · · · · · · · · · · · · · · 108

た 行

- ダイオキシン ……………………… 93
- 大気汚染物質 ……………………… 23
- 大気汚染防止法 ……………… 65, 66
- 大気圏 ………………………………… 2
- 帯電機構 …………………………… 69
- 太陽エネルギー …………………… 132
- 太陽光発電 ………………………… 131
- 太陽電池 …………………………… 131
- 太陽電池生産量 …………………… 134
- 太陽電池の光変換効率 …………… 139
- 炭素吸収源 ………………………… 83
- 地球温暖化 …………………… 25, 75
- 地球温暖化係数 …………………… 26
- 窒素酸化物(NO_x) ………… 26, 38
- 窒素酸化物(NO_x)低減方法 …… 40
- 超高齢化社会 ……………………… 6
- ディーゼルエンジン ……………… 114
- 電界帯電 …………………………… 70
- 電気自動車 ………………………… 115
- 電気集塵装置 ……………………… 67

な 行

- 二酸化炭素(CO_2) ………… 26, 27
- CO_2(二酸化炭素)の回収・貯蔵 … 87
- 二酸化炭素(CO_2)排出量29, 30, 76, 103
- 二次生成粒子 ……………………… 62
- Deutsch(ドイッチェ)の理論式 …… 71

は 行

- バイオエタノール ………………… 155
- バイオエネルギー ………………… 152
- バイオディーゼル ………………… 155
- バイオマス ………………………… 152
- ハイブリッド車 …………………… 115
- 白熱電球 …………………………… 119
- 発光ダイオード …………………… 122
- 光触媒 ………………………… 43, 58
- 風力発電 …………………………… 145
- 浮遊粒子状物質 ……………… 61, 63
- プラズマ・オゾン法 ……………… 57
- プルサーマル発電 ………………… 14
- プルトニウム ……………………… 14
- フロン ……………………………… 94
- ヘモグロビン ……………………… 36
- 放電プラズマ ……………………… 43

ま 行

- MOX 燃料 ………………………… 14

ら 行

- ライフサイクル CO_2 …………… 80
- ライフサイクルアセスメント CO_2 … 106
- リチウムイオン電池 …… 115, 116, 150
- 理論空燃比 ………………………… 113
- 冷蔵庫の効率 ……………………… 119
- 労働安全衛生法 …………………… 67

欧 文

- Hf 式蛍光灯 ……………………… 120
- LED ………………………………… 122
- ppb …………………………………… 3
- ppm …………………………………… 3
- ppt …………………………………… 3
- VOC ………………………………… 52

著者略歴

瑞慶覧 章朝(Zukeran Akinori)
1996年　カナダ　マクマスター大学客員研究員
1999年　武蔵工業大学大学院工学研究科修了
同年　　富士電機株式会社　勤務
2010年　神奈川工科大学工学部・准教授
博士(工学)
専門：電気集塵の再飛散現象，環境有害物質の除去，静電気，放電現象

江原 由泰(Ehara Yoshiyasu)
1979年　群馬大学工学部合成科学科卒業
同年　　三恵技研工業株式会社　勤務
1984年　武蔵工業大学(現，東京都市大学)勤務
2002年　アメリカ　Ford Research Laboratory 客員研究員
現在　　東京都市大学工学部・准教授
工学博士
専門：環境保全技術，電気集塵の性能向上，オゾン発生の収率改善，絶縁
　　　劣化現象，絶縁診断法

伊藤 泰郎(Ito Tairo)
1960年　武蔵工業大学工学部卒業
同年　　武蔵工業大学　勤務
1981年　アメリカ　クラークソン大学客員研究員
　　　　武蔵工業大学教授，工学部長後定年退職
現在　　東京都市大学名誉教授，日本オゾン協会理事，文部科学省科学
　　　　技術政策研究所専門調査委員
工学博士
専門：放電現象，絶縁劣化現象，絶縁診断法，オゾン発生の収率改善，
　　　大気汚染物質の分解および除去，電気集塵の性能向上
著書：よくわかる電気回路基礎演習，電気数学，オゾンの不思議，環境と
　　　技術で拓く日本の未来，見えないものを見る技術

| JCOPY | <（社）出版者著作権管理機構　委託出版物>

| 2011 | 2011年9月29日　第1版発行 |

空気浄化技術

著者との申し合せにより検印省略

著作代表者　瑞慶覧（ズケラン）　章朝（アキノリ）

ⓒ著作権所有

発　行　者　　株式会社　養賢堂
　　　　　　　代表者　及川　清

定価（本体2200円＋税）

印　刷　者　　株式会社　三秀舎
　　　　　　　責任者　山岸真純

〒113-0033　東京都文京区本郷5丁目30番15号

発　行　所　株式会社 養賢堂　TEL 東京(03)3814-0911　振替00120
　　　　　　　　　　　　　　FAX 東京(03)3812-2615　7-25700
　　　　　　URL http://www.yokendo.co.jp/

ISBN978-4-8425-0489-6　C3053

PRINTED IN JAPAN　　　　製本所　株式会社三水舎

本書の無断複写は著作権法上での例外を除き禁じられています。
複写される場合は、そのつど事前に、（社）出版者著作権管理機構
（電話 03-3513-6969、FAX 03-3513-6979、e-mail:info@jcopy.or.jp）
の許諾を得てください。